场景文字视觉问答技术
理论与实践研究

方承炀◎著

中国铁道出版社有限公司
CHINA RAILWAY PUBLISHING HOUSE CO., LTD.

内 容 简 介

本书从实际应用的角度出发，首先论述场景文字视觉问答的最新进展和技术方向，之后分别针对当前场景文字视觉问答模型缺乏场景文字语义含义和语义差异的理解能力、缺乏场景文字间的上下文语义关系建模能力以及缺乏将自然场景中强关联场景文字的聚类划分能力等问题，进行理论分析并提出相应方法，最后对未来的工作进行了展望。

本书技术内容前沿，条理清晰，适合作为计算机与人工智能相关行业专业技术人员的参考书。

图书在版编目（CIP）数据

场景文字视觉问答技术理论与实践研究 / 方承炀著. 北京：中国铁道出版社有限公司，2024. 12. -- ISBN 978-7-113-31991-5

Ⅰ. TP391. 413

中国国家版本馆 CIP 数据核字第 2024LS7581 号

书　　名：场景文字视觉问答技术理论与实践研究
作　　者：方承炀

策　　划：曹莉群　　　**编辑部电话：**（010）63549501
责任编辑：贾　星　徐盼欣
封面设计：高博越
责任校对：苗　丹
责任印制：赵星辰

出版发行：中国铁道出版社有限公司（100054，北京市西城区右安门西街 8 号）
网　　址：https://www.tdpress.com/51eds
印　　刷：北京盛通印刷股份有限公司
版　　次：2024 年 12 月第 1 版　2024 年 12 月第 1 次印刷
开　　本：710 mm×1 000 mm 1/16　**印张：**8. 25　**字数：**159 千
书　　号：ISBN 978-7-113-31991-5
定　　价：68. 00 元

前　言

随着信息技术、移动互联网的快速发展，对人工智能的技术要求已经从处理单一的文本、图片、音频等数据形式的感知智能进化到同时处理文本、图像、视频以及语音等多源异构数据组成的多模态数据形式的认知智能。此外，多种模态数据所构成的任务在日常生活中随处可见，例如，当人们观察自然场景并尝试回答与之相关的问题时，便构成了一般的视觉问答任务。实际上，在自然场景中，人类更关注的是其中的场景文字信息，这需要模型具备阅读场景文字、理解场景文字以及回答与场景文字相关问题的能力，这便是本书的中心：场景文字的视觉问答任务。然而，当前的方法存在以下几个问题：① 无法理解场景文字的语义含义以及语义差异；② 默认将所有场景文字拼接成一个句子来处理，无法分辨场景文字间是否存在语义关联性，也无法构建场景文字间复杂的空间位置关系；③ 无法准确地将具有强关联性的场景文字聚类。

本书主要研究点如下：

(1) 针对当前工作中场景文字语义理解与差异辨识所面临的挑战，本书提出一种以场景文本语义为中心的视觉问答方法。该方法首先设计了一种以场景文本语义为中心的模型结构，使答案预测过程更加聚焦于问题、场景文字及答案之间的语义交互。其次，引入了实例级别的对比学习语义预测模块，通过预测答案的文本语义特征，评估答案语义的合理性。实验结果表明，该方法在多个常用数据集上的性能较基线模型有显著的提升。

(2) 针对当前工作无法分辨场景文字间是否存在语义关联性以及无法构建场景文字间复杂空间位置关系的问题，本书提出基于文本语义上下文学习及空间表示的场景文字视觉问答方法。该方法首先提出了文本语义分离模块可以帮助从场景文字视觉及位置的信息推理判断各个场景文字之间是否具有语义上下文关系。其次，提出了空间圆位置模块，通过计算每个场景文字之间的相对距离帮助模型更好地构建和推理场景文字之间的复杂空间位置关系。实验结果表明，该模型在多个常用数据集上较基线模型有大幅度的性能提升。

(3) 针对当前工作无法准确地将具有强关联性的场景文字聚类从而给模型提供有益的先验知识的问题，本书提出了基于图像分割和匹配的场景文字视觉问答方法。该方法首先提出了场景文字载体分割和匹配模块，帮助自然场景中的所有场景文字找到其所属载体，提供给模型良好的先验知识。其次，提出了分层视觉特征融合模块，帮助模型从多粒度视觉角度全面理解场景文字之间的上下文。实验结果表明，该模型在多个常用数据集上较基线模型有较大的性能提升。

上述三个研究点主要从场景文字视觉问答任务中场景文字本身的语义理解能力、场景文字之间上下文语义判断和空间关系的建模能力以及场景文字间关联度聚类划分的角度进行了深入探索。这三个研究点之间相辅相成，其内在联系见下图。

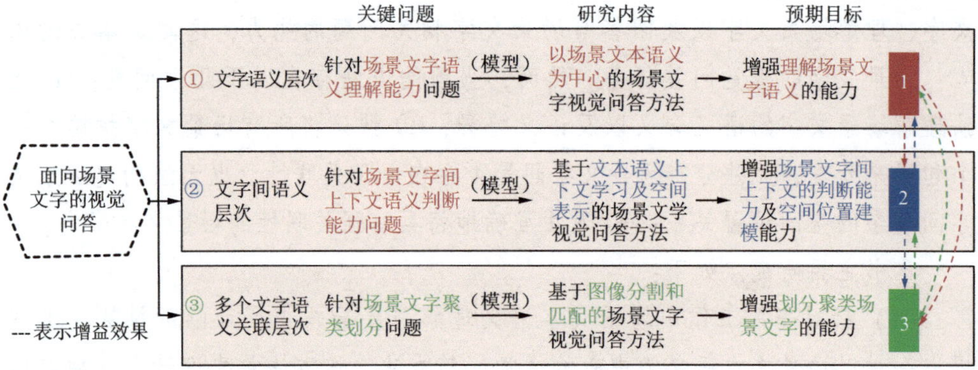

本书共七章，总体组织结构及每章内容简介如下：

第 1 章论述场景文字视觉问答任务的研究背景以及研究意义。

第 2 章论述自然场景文本分析与视觉问答任务，先讲解自然场景文本检测与识别的概念、方法和挑战，再阐释视觉问答任务的定义、流程和关键方法，最后论述数据库。

第 3 章论述场景文字视觉问答任务涉及的深度学习技术、基于编码器和解码器的场景文字视觉问答方法、基于图神经网络的场景文字视觉问答方法以及基于预训练任务的场景文字视觉问答模型和场景文字视觉问答任务的主要数据集和评测指标。

第 4 章论述场景文字视觉问答方法，旨在提高模型对场景文字语义的理解能力，减少对光学字符识别系统性能和训练数据集语言偏置的依赖。

第 5 章论述基于文本语义上下文学习及空间表示的场景文字视觉问答方法，通过文本语义分割模块和空间圆位置模块，增强模型对场景文字空间位置建模能力。

第 6 章论述基于图像分割和匹配的场景文字视觉问答方法，通过增强模型对场景文字间关联度的聚类划分能力，来降低模型推理答案的难度。

第 7 章为总结与展望。该章对本书的主要研究内容及贡献进行概括性总结。最后，针对存在的问题及未来探索方向进行分析和展望。

在撰写本书的过程中，笔者参考了国内外众多研究者的工作，衷心地感谢文献作者对场景文字视觉问答领域的贡献。

最后，衷心希望本书能够给读者带来启发，引发更多有意义的研究工作，相信场景文字视觉问答将得到进一步的发展，更好地造福社会。

由于笔者水平有限，书中错误和疏漏之处在所难免，欢迎各位读者批评指正。

方承炀

2024 年 8 月

目录

第1章 场景文字视觉问答的探索之旅

1.1 场景文字视觉问答的缘起

随着信息技术的飞速发展，数据资源已经从单一的图像、文本等数据形式发展成为图像、文本、视频、语音等多源异构的多模态数据形式。人工智能（artificial intelligence，AI）在过去十几年已经在感知智能上取得了很大的成功，可以有效地处理单一模态数据的各种任务。人工智能技术在走向下一步认知智能的过程中，赋予计算机理解多种模态数据的能力具有非常重要的意义。人们生活在一个多模态信息相互交融的环境中，人类本身是多模态学习的一个典范。例如，遇见美丽的自然风光，人类能够根据看见的美好风景赋诗一首，将视觉信息转化为文本信息。又如，被他人询问现在是几点钟时，人类可以寻找到挂在墙上的时钟，然后以声音或文本的形式给出相关答案。近几年来，多模态学习受到广泛关注，各种跨模态理解任务层出不穷。

视觉问答（visual question answering，VQA）是一个典型的跨模态理解任务。它给定一幅图像和一个与图像内容相关的问题，需要计算机模型分析、推理图像中的内容后找到与问题有关的区域并给出问题的答案。但是，传统的视觉问答任务在真实场景应用时还存在一定的局限性。

如图 1-1（a）所示，传统的视觉问答任务聚焦于自然场景中的物体，而在人类生活的各种真实场景中（街道路标、手机、生活用品、书籍等），场景文字是一种非常重要的语义信息，它对于整个场景的全面内容理解发挥着不可替代的作用，并且人类日常生活中的许多问题都是关于自然场景中的场景文字的。

然而，传统的视觉问答模型几乎不能应对这种与场景文字信息相关的问题，因为传统的视觉问答模型主要是设计来回答以场景中的物体为主体的问题的模型，其缺乏对自然场景中场景文字的感知、理解和推理能力。2019 年，Facebook AI 提出了面向场景文字的视觉问答任务 TextVQA，这个任务需要模型结合自然场景中的场景文字信息和自然场景中的物体信息，使得模型感知、学习、判断不同场景文字之间、不同物体之间、场景文字以及物体之间的关系，进而进行分析、理解并推理出相关问题的答案。

如图 1-1（b）所示，回答场景文字视觉问答任务的问题需要模型具备复制自然场景中场景文字的能力、理解场景文字含义的能力、分析问题文本内容与场景文字关系的能力以及与场景文字相关的逻辑推理能力。所以，面向场景文字的视觉问答任务是比传统视觉问答任务更实用也更具挑战的一个多模态任务。

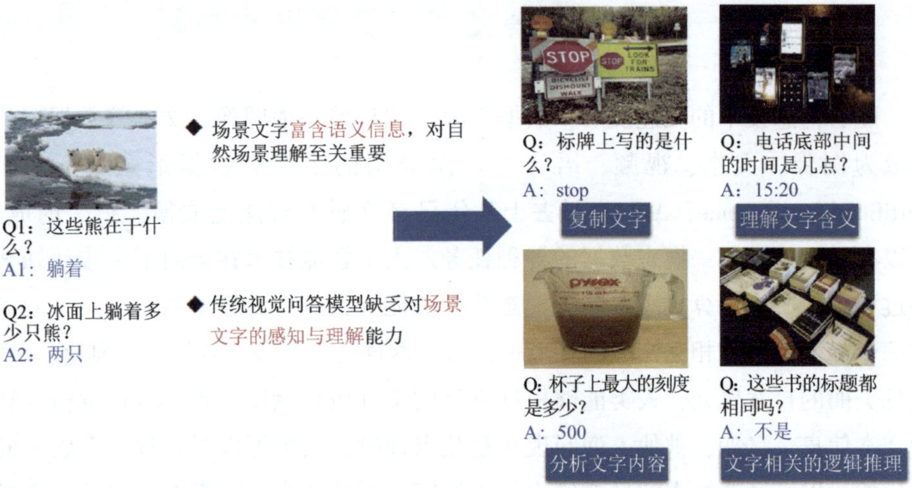

（a）视觉问答　　　　（b）场景文字视觉问答

图 1-1　视觉问答与场景文字视觉问答的区别

在应用方面，面向场景文字的视觉问答具有广泛的应用场景。具备推理、分析、理解图片中文本信息的能力是多模态理解的重要基础，是从感知智能走向认知智能的重要一步，是智能驾驶、机器人场景交互、智能办公等技术不可或缺的一部分。

如图 1-2（a）所示，在智能驾驶领域，汽车不仅仅需要识别前车车辆，更需要能够理解摄像头捕获的场景图像中的路标中文本信息具体的含义（限速、街道名称、禁止通行等），从而进行更加智能的驾驶路线规划以及帮助车机智能系统回答车主关于道路信息的相关问题。

如图 1-2（b）所示，在机器人场景交互领域，在帮助具有视力障碍人士以及行动不便人士时，养护机器人需要具备理解场景中文字信息的能力，并结合场景中的图片以及相关问题或指令进行回答和行动，例如，“空调设置的温度是多少？”“帮我在书架上拿一下吴承恩的《西游记》。”

如图 1-2（c）所示，在智能办公领域，可以让智能化处理技术从当下简单的单一识别图中的文本进入多角度信息整合阶段，例如，当前的票据大多数只是用来识别出金额，而不能根据具体的需求（如根据公司名称、商品类别、具体金额、税收百分比等信息）进行智能化处理，依靠面向场景文字的视觉问答技术，能够设置各类信息相关问题，从而进行不同角度信息的整合。

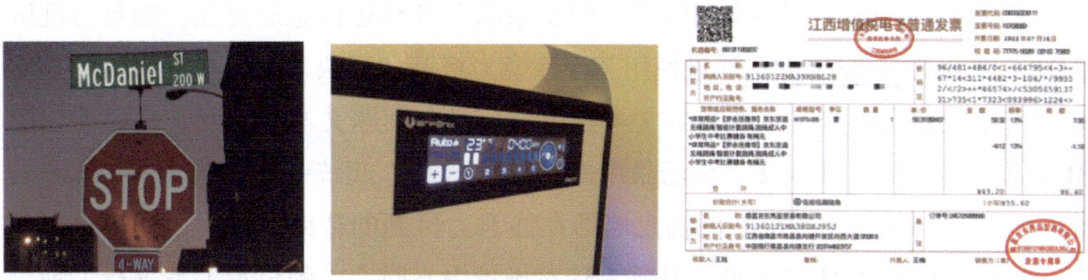

（a）智能驾驶领域　（b）机器人场景交互领域　（c）智能办公领域

图 1-2　面向场景文字的视觉问答技术的应用

因此，无论是从学术角度还是实际应用角度而言，面向场景文字的视觉问答技术都具备重要的研究价值。

1.2　场景文字视觉问答技术的发展现状

场景文字视觉问答任务作为多模态信息领域的重要任务之一，近年来受到了学术界和工业界的广泛关注。

场景文字视觉问答任务要求模型针对提取多种模型的信息考虑以下三个问题：

（1）如何编码问题文本。

（2）如何编码自然场景中的视觉信息。

（3）如何编码自然场景中的文字信息。

早期的场景文字视觉模型如 LoRRA，它使用 GloVe 模型编码问题文本，通过循环神经网络（recurrent neural network，RNN）进一步编码问题文本，因为 GloVe 模型训练的词向量不仅能够较好地使用全局的统计信息，并且训练速度较快，还能通过共现矩阵更好地捕捉句子中的语法信息。对于场景中文字和物体的视觉信息，一般采用基于区域的卷积神经网络（convolutional neural network，CNN）特征。对于场景文字的文本，一般采用 FastText 模型进行编码，因为 FastText 模型能够在保持高精度的同时保证训练速度和测试速度。M4C 模型采用了性能更强的 Bert 模型编码问题文本，使用 Faster R-CNN 模型提取场景文字和物体的视觉特征，使用 FastText 和 PHOC 提取场景文字的语义信息。当前的场景文字视觉模型基本上是基于预训练大规模语言模型的网络结构进行改进，对于问题文本和场景文字一般直接采用预训练大规模语言模型的词汇表直接提取特征，对于自然场景中文字及物体的视觉信息则采用 Faster R-CNN 提取其区域视觉信息或者采用 ViT 获取整张场景图的视觉信息。

（1）对于场景文字视觉问答任务中复杂的多种模态信息的交互、融合与理解问题。早期的 LoRRA 方法通过使用基于注意力机制的模块来编码场景文本的视觉信息和语义信息的交互以及场景文本的视觉信息和问题文本的交互。之后提出的 M4C 模型将问题、场景文字和场景中的物体拼接在一起统一输入基于 Transformer 的编码器中，使得多种模态的信息能够在注意力机制的帮助下自由地融合。之后的 SA-M4C 模型在 M4C 模型的基础上针对场景中不同文本的位置关系进行了划分和监督，SMA 模型和 MM-GNN 模型则从构建图网络的角度设计不同模态融合的模块。CRN 模型则设计了层层递进式的网络结构帮助模型一步步融合不同模态的信息。值得注意的是，BOV 模型从场景文字视觉信息和语义信息的角度，探索了这两种信息的对齐训练方法。TWA 模型采用了基于对比学习的方式对于场景文字的语义表示进行预训练，从而构建更良好的场景文字特征表示。TAP 模型将不同场景文字分为 12 种空间位置关系，并设计了场景文字位置预测预训练任务，帮助模型更好地捕捉不同场景文字之间复杂的空间位置关系。LaTr 模型设计了一种基于布局的位置编码表示，并且设计了相关模块，使得模型可以使用大规模工业文件数据进行跨领域的预训练，帮助构建场景文字的全局位置信息表示。PreSTU 模型设计场景文字相关的预训练任务，将场景文字进行截断，然后让解码器预测之后的场景文字，这使得模型能够学习到不同场景文字的上下文关系。

（2）对于场景文字视觉问答任务中的答案生成问题。LoRRA 设计了一个固定的高频词汇表并使用了复制机制，使得模型可以从高频固定词汇表或者自然场景中选择场景文字作为问题的答案，赋予了一般的视觉问答模型阅读并回答场景文字相关问题的能力。针对 LoRRA 只能回答一个场景文字或者选择高频词汇表中的一个词作为答案的问题，M4C 使用了基于指针网络的答案生成模块，使得模型可以逐步选择多个场景文字或高频词汇表中的词，使得答案可以由多个高频词或场景文字组成。LaAP-Net 模型从空间位置的角度出发，在模型推理答案文本之前先预测答案在自然场景中的位置坐标等空间信息作为预测答案文本的证据。LOGOS 从场景文字的角度将场景中的文字通过其空间位置坐标和边界框大小进行聚类，从而提供给模型明确的先验知识，最终降低答案推理过程的难度。TAG 模型从数据增强的角度先训练一个输入场景文字生成问题的模型，然后通过该模型生成大量的增强数据，从而增强模型的答案推理能力。

然而，尽管之前的工作已经从模型网络结构、模态编码方法、答案推理模块设计、针对场景文字视觉问答设计特定的预训练任务以及数据增强等方面取得了不错的进展，但是面向场景文字的视觉问答领域仍然存在以下挑战：

第一个挑战是之前的模型易受光学字符识别系统识别性能及训练集导致的语言偏置影响。场景文字视觉问答任务首先需要光学字符识别系统对自然场景中存在的场景文字进行检测和识别，但是由于自然场景中存在一些细小、模糊、曝光等因素，往往存在一部分识别错误的场景文字，而如果模型无法良好地理解场景文字的语义含义以及场景文字间的语义差异，例如，无法区分正确的场景文字“Apple”和识别错误的场景文字“Apqle”的含义和区别，模型对于场景文字和问题的理解就可能会受到影响，从而会选择识别错误的“Apqle”作为答案输出。另外，当模型无法理解场景文字的含义和差异，由于训练数据存在长尾分布，模型往往会受到训练集中的语言偏置影响。以上问题会产生以下两个现象：①模型关注的区域是对的，则模型直接选择该区域由光学字符识别出来的文本作为答案，即使光学字符检测系统识别的文本是错误拼写的单词；②模型直接根据问题中的关键词，选择在训练集中与该问题高度相关的词作为答案。产生这些现象问题的关键在于当前模型并未考虑到场景文字视觉问答任务设计的出发点是围绕着场景文字的，模型在处理视觉模态信息以及文本模态信息时并未以文本语义为中心。

第二个挑战是之前的模型无法判断场景文字间语义关联以及空间位置关系。由于场景文字在自然场景中各个空间位置随机分布，其性质与自然语言文本有极大的区别，如果只是将所有场景文字按照从左到右、从上到下的阅读顺序拼接成一个句子，然后让模型去强行建模不同场景文字之间本不存在的语义关联，会给模型的推理过程带来很多噪声。另外，将所有场景文字拼接成一个句子，使用一维位置编码表示其复杂的二维空间位置关系显然是不合理的。这是因为：①绝大多数场景文字不包含上下文关系，但是目前的模型将它们当作具有内在语义联系的自然语言句子处理；②场景文字之间的联系极大取决于空间位置关系，但是传统的一维位置编码适用于具有阅读顺序从左到右关系的自然语言文本，而不是适用于具有复杂空间位置关系的场景文字。因此，需要模型具备分辨自然场景中场景文字的上下文关系的能力以及更好的空间位置表达方式。

第三个挑战是之前的模型缺少场景文字间关联度判断方法。由于自然场景中的场景文字往往是分布不均的，如果能够提前知道哪些场景文字具备强关联性，哪些场景文字是倾向于没有关联的，那么这种先验知识能够大大降低模型推理答案的难度。然而目前的方法仅仅是通过场景文字的空间位置坐标以及场景文字区域框的宽度和高度来将自然场景中所有场景文字进行聚类操作，这种方法会使得空间距离较近但是并不存在语义关联的场景文字聚为一类，由此产生的不准确的先验知识会影响到模型的后续答案推理过程。因此，需继续增强模型对自然场景中场景文字的聚类划分能力，帮助模型获得更加准确的先验知识。

1.3 语义鸿沟：场景文字理解的挑战

本书致力于探索面向场景文字的视觉问答任务，促使场景文字视觉问答模型能够更好地建模、融合、理解以及推理问题文本、自然场景中的文字以及自然场景中的物体，提升场景文字视觉问答模型的理解能力、判断能力和推理能力，从而提升其泛化性能。拟解决的关键问题如下所示。

1. 缺乏场景文字本身的语义含义和场景文字之间语义差异的理解能力

当前的工作无论是基于编码器-解码器结构的模型、基于图结构的模型，还是设计预训练任务的预训练模型，都忽略了面向场景文字的视觉问答与传统视觉问答最重要的区别，面向场景文字的视觉问答任务在设计和提出时是以自然场景中的文字作为答案为出发点的，所以模型结构以及解码过程都应该以场景中的文字语义为中心，以问题、图片中文字信息、答案的语义关联为中心进行设计。由于忽略了这一点，之前的工作无法良好地理解场景文字本身的语义含义以及场景文字之间的差异，因此这些工作即使能够寻找到图片中答案所在区域，也可能把答案所在区域光学字符检测系统识别出的错拼词作为答案，同时由于缺乏问题、图中文本以及答案的语义关联性，还会受训练集导致的语言偏置问题的影响，降低模型的性能。因此，增强模型对场景文字本身语义的理解能力以及场景文字之间语义的差异区分能力是本书要解决的第一个问题。

2. 缺乏场景文字间的上下文语义关系建模以及合适的场景文字空间位置表示能力

现有的工作未考虑到从场景文本中检测到的场景文字在图片空间中是随机分

布的，大多数场景文字之间并不存在自然语言文本中天然存在的上下文语义关联，因此场景文字与传统的自然语言文本是有本质区别的。现有的工作忽略了这一点，并将场景文字按顺序拼接成句子来处理，这会导致两个问题：①绝大多数场景文字不包含上下文关系，但是目前的模型将它们当作具有内在语义联系的自然语言句子处理，给模型的学习过程添加了噪声；②场景文字之间的联系极大取决于空间位置关系，但是自然语言处理任务模型中传统的一维位置编码只适用于具有阅读顺序从左到右关系的自然语言文本，而不是适用于具有复杂空间位置关系的场景文字，强行将图片中的场景文字从上到下、从左到右拼接成一个句子，无法正确地构建不同场景文字的空间位置关系。因此，帮助模型具备理解不同场景文字之间语义关联性和空间关联性尤为重要。所以，如何增强场景文字的上下文语义关系建模以及构建合适的场景文字空间位置表示是本书要解决的第二个问题。

3. 缺乏将自然场景中强关联的场景文字聚类划分的能力

场景文字视觉问答任务需要对自然场景中的场景文字以及问题进行推理，进而获得相关问题的答案，如果能将自然场景中不同的场景文字进行有效的聚类，从而将具备强关联性的场景文字聚集在一起，可以提供给模型一些明确的先验知识，有效地帮助模型推理答案，因此对于场景图中不同场景文字的聚类划分十分重要。之前的方法只是从场景文字空间信息的角度将其聚类，这导致空间距离比较近的场景文字被错误地划分为一类，从而降低先验知识的质量。因此，如何对自然场景中的场景文字进行有效的聚类划分是本书要解决的第三个问题。

小　结

本章论述了多模态学习在人工智能领域的重要性，重点关注的是在场景文字视觉问答中的任务。该任务要求模型结合图像内容以及场景中的文字信息回答问题，其主要挑战是面临理解多模态信息和减少对光学字符识别（optical character recognition，OCR）系统依赖的挑战。当前研究主要集中在改进模型结构和预训练任务设计，以提升模型的语义理解能力。

第2章 自然场景文本分析与视觉问答任务：方法、挑战与数据综述

2.1 文字检测识别综述

2.1.1 了解文字检测识别

自然场景文本检测与识别的研究对于从实际场景中提取信息具有极其重要的意义，而深度学习技术则显著提升了文本检测与识别的效果。本章对基于深度学习的自然场景文本检测与识别方法及其最新进展进行系统的分类、分析与总结。本章首先回顾自然场景文本检测与识别的研究背景及主要的技术路线；接着，依据文本信息处理的各个阶段，详细介绍文本检测模型、文本识别模型及端到端的文本识别模型，并探讨各自的基本思路、优势与不足。

自然场景文本指的是存在于各种真实环境中的文本内容，如道路指示牌、广告牌、商场导视及商品包装等。在自然场景下，文本识别通常先通过文本检测技术获取文本区域的位置，再利用文本识别技术对相应区域进行内容提取。与规则性较强的文档图像不同，自然场景文本在字体大小、种类、排列方向、颜色及文本密度上往往存在很大差异，同时还受到光照、复杂背景和拍摄角度等因素的干扰，这使得文本检测与识别工作面临诸多挑战。传统的 OCR 技术已无法适应复杂自然场景中图像文本的识别需求。

随着信息技术的不断进步和智能应用需求的日益增长，从自然场景图像中提取文本信息的技术展示了广阔的应用前景，也成为学术界研究的焦点。其中，国际文档分析与识别会议（ICDAR）一直是推动该领域发展的重要国际平台，而国

内的清华大学与中国科学院自动化研究所曾在 2011 年联合举办第 11 届 ICDAR 会议。

近年来，随着深度学习技术的成熟，基于深度神经网络的自然场景文本检测与识别方法已成为文档分析与识别领域的研究热点。得益于深度神经网络强大的非线性拟合能力，其理论上能够逼近任何复杂函数，从而展现出极强的鲁棒性。相比传统方法，深度学习技术能够更好地解决复杂自然场景下图像到文本位置和内容映射的问题。

2.1.2　文字检测识别的背景

自然场景文本识别指的是在无任何限制的实际环境下对图像中的文本信息进行处理。当前研究通常将这一任务分为两个基本步骤：第一步为文本检测（text detection），即利用视觉处理技术从图像中定位和提取文本区域；第二步为文本识别（text recognition），即借助自然语言处理技术将这些区域中的图像内容转换为文字。显然，这两步密切相关，文本检测的精确程度直接影响后续识别的效果。自然场景文本信息的检测与识别技术不仅有助于获取、分析和理解场景中的信息，同时在提升图像检索、工业自动化及场景理解等方面发挥着重要作用，应用领域涵盖自动驾驶、车牌及票据识别、智能机器人、图片搜索、大数据产业等。如今，该技术已成为计算机视觉、模式识别、文档分析与识别领域的研究热点。

2010 年，Neumann 等首次提出利用最大稳定极值区域（MSERs）方法来进行自然场景中的文本检测，通过检测图像中的一些极为稳定的区域来获取潜在的文本候选区域。2012 年，Wang 等借鉴传统目标检测的理念，构建了一个端到端的文本识别模型：他们首先利用滑动窗口方法检测出字符区域，然后依据字符的置信度确定具体字符内容，最后通过字符之间的空间关系约束组合成完整的单词。传统的文本检测与识别方法通常需要手工设计复杂的特征、分类器以及后处理流程，难以应对复杂自然场景下文本识别的需求。

随着深度学习（DL）技术和人工神经网络研究的不断进展，越来越多的研究者开始采用深度学习模型来替代传统的图像文本识别算法，并取得了显著成果。深度学习模型的优势在于其层次化结构和庞大的参数量，通过组合低层次的特征可以形成更加抽象的高层表示，从而实现更优的数据特征表达和更高的识别精度。

深度神经网络主要包括卷积神经网络（CNN）和循环神经网络（RNN）。CNN 通过卷积层提取类似网格结构的数据特征，并借助池化层对特征进行下采样，从而保留主要信息、防止过拟合，同时减少参数量和计算负担，并使提取的特征具备旋转和平移不变性，这使得 CNN 在图像数据处理领域得到了广泛应用。RNN 的显著特点在于其隐藏层不仅接收当前时刻的输入，还利用上一时刻的输出，通过共享参数实现对时序数据的建模，能够学习具有时间依赖性的特征。目前，常用的循环神经网络结构包括长短时记忆（LSTM）、门控循环单元（GRU）、双向长短时记忆（BiLSTM），它们广泛应用于语音、视频和文本等时序数据的处理，如视频分类、在线翻译、语音识别等领域。

深度学习技术的快速发展推动了越来越多的研究者将基于 CNN 的图像特征提取与基于 RNN 的自然语言处理技术相结合，应用于自然场景文本检测与识别，极大地推动了该领域的发展。本章将对基于深度学习的自然场景文本检测与识别方法进行分类和总结，分析当前深度学习在这一领域中的应用现状，并探讨其面临的挑战，以期为未来的研究提供有益的参考和支持。

2.1.3 基于深度学习的自然场景文本检测方法

当前，自然场景文本检测作为文本识别的前置步骤，主要任务是定位图像中的文本区域，以便为后续的文本识别提供高质量的输入。该过程旨在标注场景图像中各个文本实例的区域坐标，从而提取出单词或文本行对应的图像片段。自 20 世纪90 年代起，研究者利用传统的计算机视觉技术在自然场景文本检测领域取得了一定成果，其中最具代表性的方法包括基于连通域分析的笔画宽度变换（SWT）、最大稳定极值区域（MSERs）算法，以及基于滑动窗口的区域特征分类方法。然而，由于自然场景文本图像中存在文本与背景复杂交织、图像噪声干扰等问题，这些传统算法在高效、准确检测文本实例方面仍然存在局限。

近年来，目标检测作为计算机视觉的一个重要分支取得了飞速发展，催生了大量基于深度学习的目标检测算法。在文本检测这一特殊应用场景中，许多研究者借鉴了目标检测的技术思路，将深度学习与文本检测相结合，通过深度神经网络提取自然场景中文本的复杂特征，实现了文本实例的有效检测。

根据不同的技术实现特点，本章将基于深度学习的自然场景文本检测方法划分为三类：一是基于区域建议（region proposal）的自然场景文本检测方法；二是基于语义分割（semantic segmentation）的自然场景文本检测方法；三是基于区域建议和语义分割结合的方法。接下来对这三类算法的特点、关键技术及其主要优缺点进行详细介绍。

1. 基于区域建议的自然场景文本检测方法

这类检测算法主要依靠区域建议网络（RPN）、候选区域生成算法或其他方法预定义不同尺寸的候选框，再利用 CNN 提取的候选区域（ROI）图像特征来判断该区域是否包含文本实例。此外，由于文本框检测的精确度直接影响后续的文本识别率，大多数方法采用边框回归技术对原始建议区域进行校正，从而生成更为准确的文本框坐标。这类基于文本区域建议的方法通常建立在传统目标检测算法的基础之上，如 RCNN、Faster-RCNN、SSD、R-FCN、YOLO 等，充分发挥了深度神经网络在图像特征提取方面的优势，并取得了较好的检测效果。

2. 基于语义分割的自然场景文本检测方法

基于 Faster-RCNN 和 SSD 的方法在自然场景文本检测中通过预测各类候选框来实现检测，但其效果并不理想。为了确保候选框能完整地涵盖文本内容，往往需要手动设计多种尺寸、比例和倾斜角度的候选框，这使得候选框与真实文本框之间的匹配变得困难；同时，候选框匹配预处理和采样过程也会导致训练速度变慢。相比之下，基于语义分割的检测方法借鉴了 FCN、FPN 和 FCIS 等经典语义分割算法，通过深度卷积与上采样提取多层融合特征，对图像中每个像素是否属于文本区域进行预测。为准确区分不同文本实例，这类方法通常还需辅以其他预测结果来实现文本实例的分割。

3. 基于区域建议和语义分割结合的方法

结合区域建议与语义分割的检测方法将两种预测策略整合到同一框架中，通过构建和联合多个分类器实现文本预测，从而融合多个检测任务，通常能获得比单一分类器更优秀的泛化能力和准确率。该方法一般包括两个主要模块：一是基于语义分割的文本区域检测；二是基于区域建议的文本框预测。最后，将两个模块的预测结果整合，生成最终的文本框。

传统的连通域分析文本检测方法需要在整幅图像中寻找候选字符区域。为降低背景干扰，Bazazian D 等先采用基于 MSER 算法检测文本框，再利用文本显著图筛选出得分较高的文本框。而与此不同，Jiang F 提出了基于 Faster-RCNN 的双任务检测模型 DSTD，该模型将字符检测与文本语义分割相结合：文本像素分割分支与字符候选框检测子网共享基础卷积特征，通过训练实现对每个像素的文本与非文本分类以及文本区域中心线的预测，从而生成文本框，并结合字符预测结果，仅保留包含字符的文本框。

Li Y 等则将 Zhou X 和 Liao M 等的方法融合到一个统一网络中，该模型包含两个模块：基于像素预测的模块在原有方法上增加了空洞金字塔池化结构，输出每个像素到文本边框的四个距离以及文本注意热度图；基于候选框预测的模块则利用文本注意热度图增强文本区域特征，并在原有框架上增加自适应预测层，以更好地处理尺度和宽高比差异较大的文本。最终，该模型整合两部分的预测结果，生成检测文本框。

利用预设候选框回归预测文本框位置的方法存在一定的盲目性，大量负样本的存在也在一定程度上降低了预测准确率。与 Deng L 等的思路类似，Lyu P 等从角点检测角度出发，提出了一种基于角点定位和区域分割的文本检测模型。该模型的角点定位分支将候选框中心视为文本区域的角点，通过分类和回归预测获得角点框及其对应的具体位置（如左上、左下、右上、右下），再将角点组合成多个候选文本框；而区域分割分支利用位置敏感分割网络生成文本区域像素所属位置的置信度，用于筛选和过滤噪声候选框。

为了解决卷积网络特征对位置信息敏感性不足的问题，Dai Y 等将实例分割模型 FCIS 中的位置敏感网络与文本检测任务相结合，提出了融合文本分割网络（FTSN）。该模型由文本区域建议网络和位置敏感文本实例预测网络构成，其中位置敏感网络既提取文本分类特征（包括文本像素前景与背景得分及其在不同区域的分布），又提取边框回归特征（描述文本在各区域内的坐标信息）。通过兴趣区域位置敏感池化（PSROIPooling），模型获得文本框的分类得分、坐标及文本区域分割图，并结合这些信息生成最终文本框。

在此基础上，Yang Q 等引入了 GoogleNet 的 Inception 结构，以提取更丰富的图像特征。同时，为克服传统兴趣区域位置敏感池化仅能捕捉水平文本特征的限制，该模型采用可变形卷积代替常规卷积，并用可变形 PSROI 池化替换标准 PSROI 池化。引入方向参数后，感受野能自适应不规则的模型兴趣区域，使得该方法更有效地捕捉不规则文本特征，进一步提升了文本检测性能。

2.1.4 基于深度学习的自然场景文本识别方法

自然场景文本识别的目标是将前一阶段文本检测中提取的文本图像转换为可编辑的计算机符号，实际上就是将图像中的文字翻译成字符序列。传统方法通常采用多步骤流程：首先对图像进行预处理，如去噪、二值化和平滑归一化；随后利用基于笔画、形状和边缘等特征训练的分类器，通过滑动窗口的方式逐步识别出字符。然而，这种依赖人工设计特征的滑动窗口方法不仅耗时，而且由于特征设计较为简单，其泛化能力有限，因此识别准确率较低。

与之相比，基于深度学习的文本识别方法通过深层神经网络自动学习更抽象的高维特征和复杂映射关系。深度卷积网络可以直接以图像像素矩阵作为输入，这一方式克服了手工特征的局限，同时简化了预处理流程。根据技术实现的不同，当前自然场景文本识别方法主要分为三类：基于朴素卷积神经网络的方法、基于时序特征分类的方法，以及基于编码器-解码器的方法。

1. 基于朴素卷积神经网络的方法

基于卷积神经网络（CNN）的文本识别方法通过预测不同编码形式的单词概率实现识别任务，其核心优势体现在特征提取机制的革新：相较于传统方法依赖人工设计文本特征，该技术利用可训练的卷积核自动捕获图像的高维语义特征，同时通过权值共享机制显著降低模型参数数量，从而提升识别效率。需要注意的是，此类方法的模型性能与预设的单词编码方案存在强相关性，通常需在训练阶段预先定义字符编码规则以指导网络学习过程。

在方法论层面，传统文本识别技术采用“先分割后识别”的级联策略，需将单词图像逐字符切分后再进行识别与组合。而 Jaderberg M 团队提出的端到端 CNN 模型实现了技术突破，通过卷积操作提取文本图像全局特征，直接完成从图像空间到单词语义的映射预测，有效规避了字符分割环节的误差累积问题。该模型设计了三种不同的单词编码方式识别图像文本：90k 字典编码、字符序列编码、N-gram 语言模型编码，其中，90k 字典编码将目标单词限定在预定义的词典中，词典中不同形式的高级英语词汇仅总数大约为 90k，这使得文本识别转化为分类问题，通过卷积神经网络预测单词分类概率识别单词；字符序列编码设定单词的最大长度为 23，模型通过预测每个位置的字符分类概率得到单词识别结果；N-gram 语言模型基于单词中第 n 个字符出现与前 $n-1$ 个字符相关这一假设，最终根据联合概率规则得到概率最大的预测结果。相较于传统分割字符的文本识别方法，这三种识别方式显著提高了文本识别准确率。

为进一步提高文本识别率，Jaderberg M 将中的字符序列编码和 N-gram 结合到网络模型中，该模型同时预测单词的字符序列和 N-gram 概率分布，再根据两个预测结果利用 Beam 搜索算法得到使得字符序列与 N-gram 概率和最高的单词。这种根据特定编码格式预测字符的缺点在于：90k 编码方式对于字典中不存在的单词或者某些缩写文本无法识别；字符序列编码的先验条件是单词的长度固定，不适用于超过固定长度文本的识别；N-gram 语言模型极大地依赖预先统计得到的庞大语料库。

2. 基于时序特征分类的方法

与基于朴素卷积神经网络直接通过全局特征预测文本的方法不同，时序特征分类方法采用分步处理策略：首先通过卷积网络将图像编码为时序特征序列，再借助循环或卷积网络将其转化为字符概率序列。由于特征序列与预测序列需保持等长，因此预测结果与真值对齐困难的问题会导致模型无法计算损失。为此，这类方法通常引入连接时序分类（CTC）算法，通过定义预测到真值的映射规则，利用动态规划搜索多条状态转移路径，并以最大化所有有效路径概率之和作为优化目标，有效解决了序列对齐问题。

Shi B 团队提出的卷积循环神经网络（CRNN）创新性地融合了卷积、循环与转录三个模块：卷积层提取图像特征序列，双向长短期记忆网络（BiLSTM）构建的循环层捕捉序列双向依赖关系并输出字符概率分布，转录层基于 CTC 算法将概率序列解码为最终文本。得益于 RNN 对上下文关系的建模能力，该模型在文本识别任务中显著优于传统卷积网络方法。

He P 提出的深度文本循环网络（DTRN）在特征提取阶段采用差异化处理：通过高度与图像对齐的滑动窗口裁剪连续子图像，逐片输入卷积网络提取特征，取代了 CRNN 直接分割特征图的方式。其网络引入 MaxOut 激活机制，将特征图划分为固定组后取各组最大值作为激活输出，虽然增强了模型表达能力，却导致参数量上升。最终特征序列经循环网络处理后输出识别结果。

Yang X 针对图书馆书籍识别场景改进 CRNN 框架：首先基于霍夫变换与显著图分割提取书脊区域，随后采用改进型 CTC 损失函数进行识别。传统 CTC 仅以最大化完全正确路径概率为目标，导致不同程度错误预测的损失区分度不足。该研究通过引入预测结果与真值间编辑距离作为惩罚项，优化损失函数设计，有效提升了实际场景的识别准确率。

Yang C 提出的自适应集成网络通过快照集成增强模型鲁棒性：训练阶段保存不同迭代轮次的模型快照构建集成库，依据预测准确性、字典匹配度及编辑距离动态计算损失；测试阶段采用自适应算法融合各快照结果。相比需独立训练多个异构模型的传统集成方法，这种单模型多阶段快照集成策略显著降低了计算成本。

针对时序特征分类方法中卷积特征空间不变性影响序列预测的问题，Wojna Z 提出注意力增强网络：在卷积特征中嵌入像素坐标增强空间相关性，设计注意力机制将图像特征与循环网络隐状态的时变偏移特征结合生成空间注意力矩阵。网络通过当前时刻预测结果与历史注意力权重的联合计算实现动态特征聚焦，该模型在复杂场景的法国街牌数据集上取得了突破性识别效果。

3. 基于编码器-解码器的方法

基于编码器-解码器的算法框架通过将输入序列转化为固定长度的中间语义编码向量，再将其解码为目标序列，有效解决了序列对齐问题。该方法虽能建立任意序列间的映射关系，但存在两个主要缺陷：一是当输入序列较长时，固定长度的编码向量会导致信息丢失；二是解码过程中各时刻使用的语义特征未动态调整。为此，研究者普遍引入注意力机制，通过对编码器输出的中间特征进行动态加权，建立当前解码时刻与特定上下文特征的关联，从而提升预测准确性。

受 Jaderberg 多分支 CNN 文本编码模型启发，Lee C 构建了注意力增强的递归循环神经网络。该模型通过参数共享的递归卷积网络提取全局图像特征，并采用双层 RNN 解码架构：第一层学习字符序列特征；第二层融合注意力特征与序列特征进行解码。虽然相较于 Jaderberg 模型显著提升了识别率，但单层卷积结构难以有效建模像素间的长程依赖关系。

Ghosh S K 改进了 Lee C 的注意力模型，构建基于 LSTM 的视觉注意力系统。其创新点体现在采用多层感知机代替 RNN 生成注意力权重矩阵，同时结合 N-gram 语言模型和字典优化损失函数。该方法使解码器能更精准聚焦相关图像区域，在保持模型复杂度不变的前提下提升了识别精度。Wu Y 提出滑动卷积网络替代传统循环结构，通过多层卷积核宽度叠加构建序列建模能力。该框架包含三个模块，即滑动卷积特征提取器、一维卷积编码器和基于注意力机制的卷积解码器，实现了完全卷积化的端到端序列转换。实验证明，该设计通过扩大感受野有效捕获了长距离区域特征。Liu W 设计的多尺度识别模型通过并行提取不同尺度图像特征，结合空间注意力网络动态融合多尺度上下文信息。该架构特别适用于自然场景中字符尺寸差异显著的情况，不同感受野的特征提取器能有效捕捉尺度敏感的文本特征。

针对不规则文本识别难题，Shi B 开创性地引入空间变换网络（STN）模块，通过定位网络预测 k 个文本边缘基准点，经薄板样条变换生成矫正网格。改进方案采用多分辨率输入策略：低分辨率图像用于基准点预测以减少参数量，高分辨率图像进行采样保持矫正质量。同时，双向解码器的设计通过联合优化前后向序列依赖关系，显著提升了复杂变形文本的识别能力。Cheng Z 提出方向感知特征融合网络，通过卷积网络提取原始图像及其旋转版本的四方向特征，利用门控加权机制融合方向敏感特征。该设计使解码器能自适应处理任意走向文本，在方向多变场景中表现出优越性能。Zhan F 开发迭代式图像修正框架，通过 L 段线段端点坐标预测构建薄板样条变换矩阵，经 N 次迭代逐步矫正弯曲文本。Luo C 进一步提出像素级修正模型，通过预测图像分块的像素偏移矩阵实现复杂形变矫正，突破了传统仿射变换的局限性。

针对注意力漂移问题，Cheng Z 提出聚焦注意力网络，新增聚焦网络模块实时监测注意力区域与真实字符位置的匹配度，通过动态调整机制提升注意力定位精度。Bai F 在此基础上引入编辑概率模型，通过计算字符缺失、重复、正确的三种状态转移概率，结合编辑距离优化目标函数，在无须额外标注的情况下有效缓解了注意力偏移导致的序列预测错误问题。

2.1.5　基于深度学习的端到端的自然场景文本识别方法

目前，大部分研究者将自然场景文本检测和识别分割为两个独立的任务，即首先利用检测网络得到图像中文本框，再将根据文本框得到剪裁的文本实例图像输入文本识别网络识别文本内容。Wang T 尝试将文本检测和识别结合起来，利用基于滑动窗口的文本检测和字符识别模型构建一个端到端的文本识别系统，但本质上，该系统依然将文本检测和识别分割为两个单独的模型，其中，滑动窗口的方法需要进行大量的计算，且复杂的后处理在实际应用效率并不高。与此不同的是，基于深度学习的端到端的自然场景文本识别方法将文本检测任务和文本识别任务结合在统一的网络模型中。该类方法通常共享底层卷积特征，根据共享特征检测文本区域，再将文本区域共享特征馈送到识别模块中识别文本内容。相较于将文本检测和识别分割为不同任务的方法，端到端的识别方法更具有挑战性，其优点在于，共享底层特征的方式降低了文本检测到识别过程的运算参数，并且其文本识别损失根据反向传播算法能够优化底层特征的提取和文本检测。

通常，自然场景文本端到端的识别方法通常都需要先进行定位再识别文本。Goodfellow I J 提出了基于深度卷积网络的街景图像多位数字识别模型，该模型通过直接在图像像素矩阵上进行卷积操作获取图像特征，并通过全连接层输出预测值。该模型根据现实场景特点将图像中的数字长度分为 0~5 及大于 5 共七种情况，并将图像中的数字长度和对应长度的多位数字作为预测结果，最终选取数字长度概率和对应长度数字概率和最大的为预测结果表示图像中的数字。由于该方法对数字长度设定了先验条件，因此，其只能识别出场景图像中数字长度小于 5 的多位数字，使得其应用场景很受限。

Busta M 将文本检测和识别整合到端到端的场景文本识别网络中，该网络利用统一的神经网络训练学习文本检测和识别模块，其中，文本检测模块基于通用目标检测框架 YOLOv2，RPN 网络的预设文本候选框采用 k-means 算法从训练集上得到不同比例大小矩形框；识别模块使用基于时序特征分类文本识别方法识别文本框内容，并且根据识别结果过滤错误的文本检测结果。为了提取不同倾斜角度的文本卷积特征，该模型用仿射变换和双线性采样代替 YOLOv2 的 ROI 池化方法。

相较于 Busta M 中仅使用 RPN 模块提取候选文本框，Li H 为了提高文本框的检测准确率，增加了对文本框的筛选和位置微调，提出了端到端的文本识别模型。该模型的文本检测网络根据文本框特征编码序列得到文本框的置信度的位置偏移，再由 LSTM 编码得到细化后的文本框特征。最后，基于编码器和解码器的文本识别模块，利用特征编码序列识别文本内容。

为了提高端到端的识别网络运算效率，Sui W 提出了全卷积端到端的文本识别网络，该网络的文本检测模块使用目标检测算法 R-FCN 检测图像中的文本框。R-FCN 的优点在于增加了目标位置敏感特征信息，并根据位置敏感特征得到的文本框得分筛选检测结果，这使得模型能够检测到更准确的文本框，从而提高其性能。受到 Gehring J 的启发，该模型的文本识别模块同样使用卷积网络代替文本识别模型 CRNN 中的循环网络结构，在不降低性能的前提下，提高模型的运算速度。

He T 基于文本检测模型 EAST 提出了端到端的文本识别模型，该模型在文本识别模块增加了注意力对齐学习，通过引入额外的聚焦损失来监督学习，得到更准确的编码字符空间信息，以此提高文本识别准确率。该聚焦损失用于优化当前时刻的解码器聚焦区域的中心坐标与该时刻解码字符在图像中的距离，其中，聚焦区域的中心坐标由每个解码时刻的注意力矩阵和文本池化层采样网格每列的中心点坐标得到。Liu X 与 He T 类似，将文本检测模型 EAST 与基于时序特征分类的文本识别模型相结合，得到统一的端到端的文本识别模型。该模型使用 RoIRotate 连接文本检测模块和识别模块，RoIRotate 根据预测的角度，通过放射变化将检测的文本框特征区域变换为固定宽度和高度的特征，再使用基于时序特征分类的方法识别文本框内容。

为了识别不规则形状文本的内容，Lyu P 提出一种能够检测识别任意形状文本实例的模型。该模型的文本检测模块采用目标检测模型 Faster-RCNN 检测文本水平矩形区域，模型的文本识别模块根据文本区域特征输出文本实例概率图、字符（包含大小写字符和数字）实例概率图和字符背景概率图，其中，文本概率图用于预测矩形区域中的文本实例区域，不同的字符实例概率图用于预测矩形区域中不同字符区域；字符背景概率图用于预测矩形区域中非文本区域。然后，该模型使用像素投票算法从左至右构造字符序列，再使用编辑距离查找给定字典中与预测字符序列最佳匹配的单词。该模型独特的文本识别方式在不同的数据集上都有较好的性能；其缺点在于只能识别英文和数字文本，对于中文这种字符数量很大的文本识别并不合适。

大多数端到端的文本识别模型的训练数据标签包含文本框的位置信息和文本框的内容信息，对于需要大量训练数据的文本识别模型来说增加了手工标注的工作量。Bartz C 提出一种半监督的端到端的文本识别模型，模型的训练数据标签仅包含一组文本内容标签，不使用任何标签来训练文本检测模块。该模型的文本检测模块使用卷积网络和 BiLSTM 预测一组空间变换参数，根据变换参数和图像大小生成采样网格，再根据采样网格从原图中提取文本区域，文本检测模块使用采样得到的文本区域图像识别图像中的文本。虽然该方法的识别率不及其他方法，但为端到端的文本识别技术发展提供了新的思路。

2.2 视觉问答综述

2.2.1 视觉问答任务概述

视觉问答是一项跨模态任务，要求模型根据输入的图像和自然语言问题生成准确、合理的答案。其核心是通过对视觉内容与文本信息的联合理解，实现多模态语义对齐与推理。

1. 视觉问答的定义

视觉问答是一种人工智能任务，旨在使模型能够理解图像内容并回答与图像相关的问题。这一任务融合了计算机视觉和自然语言处理技术，要求视觉问答模型不仅能识别图像中的物体、场景和活动，还要理解问题的语义，并生成准确且自然的回答。视觉问答的核心目标是通过分析视觉信息和语言信息之间的关系，为用户提供基于图像的有效答案。

在视觉问答任务中，输入通常包括一张图像和一个与之相关的问题，输出则是对该问题的回答。回答的形式可以是简短的词语、短语或完整的句子。例如，假设一张图片显示了一只猫和一只狗，问题为“图片中有多少只动物”，模型需要通过计算机视觉技术识别出猫和狗，理解问题中询问的是动物数量，最终回答“两只”。这表明，视觉问答需要同时处理视觉和语言两种模态的信息，并将它们有效结合。

视觉问答的实现依赖先进的深度学习技术，卷积神经网络通常用于提取图像的视觉特征，而循环神经网络或 Transformer 模型则用于处理问题的语言特征。近年来，注意力机制和多模态融合技术被广泛应用，以增强模型对视觉和语言信息的整合能力。这些技术使视觉问答模型能够在复杂场景中更准确地理解和回答问题。

2. 视觉问答的典型流程

视觉问答的典型流程包括图像特征提取、问题特征提取、特征融合、注意力机制、答案生成以及训练与评估等关键步骤。这一流程使模型能够从图像和语言两种模态中提取信息，并生成准确的回答。以下详细介绍视觉问答的流程。

（1）图像特征提取。视觉问答的起点是对输入图像进行特征提取。这一过程通常依赖卷积神经网络，如 ResNet、VGGNet 或 EfficientNet 等。这些网络在大规模图像数据集（如 ImageNet）上预训练，能够有效捕捉图像的视觉信息。在特征提取过程中，卷积神经网络通过多层卷积和池化操作，提取图像的局部特征，如边缘、纹理和形状。随着网络深度的增加，深层特征图包含更高级的语义信息，如物体类别或场景结构，这些特征可以被全局池化层转换为固定长度的向量，用于代表整个图像的内容。图像特征提取的目的是将图像转化为模型可理解的数值表示，为后续与问题特征的融合奠定基础。

（2）问题特征提取。与图像特征提取并行的是对用户输入问题的处理。问题通常是一个自然语言句子，需要通过自然语言处理技术将其转换为向量表示。首先，利用预训练的词向量（如 Word2Vec、GloVe）或上下文相关的嵌入（如 BERT）将问题中的每个词映射为向量；然后，使用循环神经网络、长短期记忆网络或 Transformer 模型对问题进行编码，捕捉词与词之间的语义和依赖关系；最终，问题被编码为一个固定长度的向量，包含其语义和结构信息。问题特征提取的目标是将自然语言转化为可计算的形式，以便与图像特征进行联合处理。

（3）特征融合。特征融合是视觉问答模型的核心环节，负责将图像特征和问题特征整合为一个统一的表示。融合效果直接影响模型能否理解图像和问题之间的关系。常见的融合方法包括：拼接，即将图像特征和问题特征直接连接成一个长向量；元素操作，通过相加或相乘等操作捕捉两种特征间的交互；双线性池化，利用外积计算特征间的二阶关系，提供更丰富的交互信息；多模态融合网络，如多模态低秩双线性注意力，以更高效的方式融合特征。特征融合生成一个联合表示，包含图像和问题的关联信息，为后续答案生成提供支持。融合方法的复杂性取决于任务需求，简单的拼接适用于基础任务，而高级方法则能提升复杂场景下的表现。

（4）注意力机制。注意力机制在视觉问答中至关重要，能够帮助模型动态聚焦于与问题最相关的图像区域，而不是均匀处理整个图像。例如，当问题询问图像中某物体的颜色时，注意力机制可以突出该物体的特征，而忽略无关背景。视觉注意力根据问题的语义，计算图像不同区域的重要性权重，突出与问题相关的部分；语言注意力对问题中的关键词加权，强调其关键信息；联合注意力则同时考虑图像和问题的注意力，进一步优化联合表示。通过加权求和或其他方式，注意力机制生成调整后的特征表示，使模型更智能地理解图像和问题的关系。

（5）答案生成。答案生成是视觉问答的最终步骤，基于融合特征和注意力机制的结果生成问题的答案。根据任务需求，答案生成的方式有所不同。对于从预定义答案集中选择的场景，答案生成被视为分类问题，使用全连接层和 Softmax 函数输出每个答案的概率；对于需要自然语言回答的情况，则采用生成方法，使用 RNN、LSTM 或 Transformer 解码器生成句子，通过编码-解码架构将融合特征逐步转化为答案词序列。

（6）训练与评估。训练和评估是视觉问答模型开发的关键环节，确保其性能和泛化能力。在训练阶段，模型使用包含图像、问题和答案三元组的数据集（如 VQA v2、GQA），通过优化损失函数（如分类任务的交叉熵损失或生成任务的语言建模损失）调整模型参数，常用优化器包括 Adam 或 SGD。在评估阶段，常用指标包括准确率，即正确回答的比例，对于生成型任务，还会使用 BLEU 等指标评估答案质量。

2.2.2 视觉问答的挑战

1. 多模态语义鸿沟

多模态语义鸿沟是指在视觉问答中，图像和文本两种模态在语义表示上的差异，导致模型难以准确关联视觉内容与语言概念。图像由连续像素构成，蕴含颜色、形状等视觉特征；而文本是离散符号序列，表达抽象语义和逻辑。这种模态差异使得模型在理解复杂场景时受限，如难以将图像中的物体与问题中的抽象描述（如“温暖的氛围”）对应，从而降低回答准确性。

2. 复杂推理能力不足

视觉问答模型在复杂推理能力上存在不足，主要原因是其通常依赖图像和文本的浅层特征关联，而非深层次的语义理解和逻辑推理。这导致模型在处理需要多步推理、抽象概念或场景上下文的问题时，难以有效捕捉图像与文本间的细微关联，推理链条容易断裂，影响回答准确性。此外，训练数据中的偏差使模型泛化能力受限，难以应对新颖或复杂场景，而现有模型架构和训练策略的局限性进一步加剧了这一问题。

3. 开放域泛化与实时性

开放域泛化不足主要源于现有视觉问答模型在训练数据上的过拟合和对多模态分布偏移的敏感性。传统模型通常针对特定领域（如日常图像）进行优化，但在面对跨领域（如艺术、医学）或未见过的数据时，性能显著下降。例如，艺术领域的视觉问答需要理解抽象概念和绘画风格，而现有数据集（如 AQUA）常存在语言偏见，导致模型可能仅依赖文本而忽略视觉信息。此外，多模态分布的联合变化进一步暴露了模型的脆弱性。

实时性方面，视觉问答模型通常依赖复杂的多模态融合与推理过程，计算开销高，尤其是当涉及外部知识检索或大型语言模型时。例如，基于 Transformer 的架构虽效果出色，但在边缘设备上运行时延迟明显，难以满足实时需求。

2.2.3　视觉问答的关键方法

视觉问答任务涉及图像和文本信息的深度交互与推理，因此不同的模型架构和方法都致力于解决这一任务中的挑战。随着技术的发展，模型架构逐渐从基础的特征融合方法向更为复杂的推理机制演进。例如，早期的联合嵌入方法主要通过简单的特征融合技术将视觉和文本信息映射到共同的空间，而随着任务需求的增加，模型逐步引入了更高级的机制，如注意力机制、神经模块网络以及图网络等。这些技术不仅增强了模型在视觉和语言理解上的表现，也为复杂的推理任务提供了支持。从简单的信息融合到复杂的推理框架，视觉问答模型的架构不断发展，以应对多模态信息处理和深层次推理的需求。

1. 模型架构

（1）联合嵌入方法。视觉问答模型研究的核心挑战在于整合来自图像和语言的多模态数据输入。为实现跨模态语义交互，现有方法普遍采用联合特征映射策略，该技术最早在图像描述领域得到应用。相较于图像描述任务中直观的图文对应关系，视觉问答需实现更深层次的逻辑推理，这要求视觉与文本特征在共享潜在空间中建立更紧密的关联机制。当前主流方法主要基于双流特征提取框架：利用 CNN 架构获取图像语义表征，通过序列建模网络处理文本信息，随后采用特征融合模块（如拼接、向量加法）实现跨模态交互，最终通过分类网络或生成模型输出答案。

早期突破性工作来自 Malinowski 团队提出的 Neural-Image-QA 架构，该模型开创性地将视觉问答转化为序列生成问题。其技术路径包含三个关键步骤：首先通过预训练卷积神经网络提取全局图像特征，随后将词向量化的问题描述与视觉特征共同输入长短期记忆网络，最终以自回归方式生成可变长度答案直至终止符出现。值得注意的是，后续研究对模型结构进行了重要改进。考虑到问题解析与答案生成在语义模式上的差异性，研究者建议采用分离的长短期记忆网络分别处理输入问题与生成答案。在答案生成范式方面，Gao 等提出了分类式解决方案，通过线性分类器从预设词表中输出单字答案；而 Noh 团队则创新性地在卷积神经网络全连接层引入动态参数预测机制，利用循环神经网络根据问题语义动态调整视觉特征处理参数。

在跨模态特征融合领域，学界提出了多种创新方法。针对传统线性融合表达能力不足的问题，Fukui 等开发了多模态紧凑双线性池化模型（multimodal compact bilinear pooling，MCB），通过 Tensor Sketch 算法实现外积运算的近似计算，在降低参数量的同时保持高阶交互能力。Kim 团队提出的多模态低秩双线性池化模型（multimodal low-rank bilinear pooling，MLB）采用低秩哈达玛积策略，有效平衡了模型复杂度与特征表达能力。Yu 等则通过矩阵分解技术改进得到多模态拆分双线性池化模型（multimodal factorized bilinear pooling，MFB），其后续发展的多模态因数化高阶池化模型（multi-modal factorized high-order pooling，MFH）通过级联多阶池化操作捕获高阶交互信息。在参数优化方面，Benyounes 团队引入张量分解理论，提出基于块超对角张量分解的双线性超对角融合，在保持模态间交互精度的同时实现参数效率与模型解释性的双重提升。

网络架构创新方面，Kim 等借鉴残差学习思想构建多模态残差网络，通过跨层连接促进多模态特征的协同优化。Saito 团队提出的 DualNet 架构综合应用元素级相加与相乘操作，探索不同融合机制的组合效应。Gao 等的工作则引入了注意力增强的融合策略：首先通过可学习权重生成多组特征摘要，随后建立跨模态摘要对之间的高阶关联，最终通过信息聚合实现特征增强。值得注意的是，Do 团队突破传统多模态输入范式，提出基于三元组（图像-问题-答案）的 PARALIND 分解模型。

（2）注意力机制。视觉问答模型的传统建模方法常采用全局特征输入策略，即将完整图像特征与全部文本特征直接输入模型。这种处理方式存在缺陷：视觉数据中包含大量与当前问题无关的背景信息，而自然语言问句中往往仅有部分词汇对答案推理具有关键作用。信息过多不仅增加了计算复杂度，还会导致分类器接收过多冗余信号，严重制约模型预测精度。为应对这一挑战，视觉问答模型结合注意力机制，其核心思想在于模拟人类认知过程中的选择性聚焦特性，通过动态权重分配提高对关键特征的关注。

具体而言，注意力机制通过构建可学习的特征权重映射，实现多模态信息的自适应筛选。以“图像中汽车的颜色是什么”这类查询为例，注意力机制将自动强化“汽车”与“颜色”等语义单元的表示权重，同时在视觉层面突出包含目标车辆的区域特征。这种层次化的注意力分配策略有效解决了传统方法中特征贡献度均等化的问题，显著提升了模型对多模态语义关联的捕捉能力。

在视觉问答相关领域，Xu 团队率先在图像描述生成任务中实现了注意力机制的系统性应用。其创新性工作突破了传统编码器-解码器框架的局限，在文本生成过程中动态调整对图像不同区域的关注强度，为后续视觉推理任务的注意力建模提供了重要范式参考。这种空间注意力机制通过建立视觉语义与语言元素间的动态关联，显著提升了跨模态表征的细粒度对齐能力。

（3）组合推理方法。视觉问答模型的传统建模范式主要依赖卷积架构与循环架构的特征提取与融合机制，但这种端到端训练模式难以显示建模多模态推理路径。鉴于视觉问答本质上具有组合推理特性（如解析“桌面上放置何物”需经历空间定位→区域筛选→属性识别等递进过程），研究者开始探索模块化神经网络架构。该范式通过构建功能专一的可组合模块，依据问题语义动态组装推理路径，不仅提升了模型的可解释性，还实现了与人类层次化认知机制的对齐。

在模块化方法的发展历程中，Andreas 团队提出的神经模块网络（neural module networks，NMNs）具有里程碑意义。其创新性体现在三个方面：首先基于依存句法分析器解构问题语义，自动生成模块拓扑结构；其次引入 LSTM 增强型编码器，有效补全语言解析过程中的语义损失；最后融合强化学习优化模块组合策略，实现问题导向的动态架构调整。然而该体系对语言解析工具的过度依赖限制了其泛化能力，为此，Hu 等开发了端到端可微模块网络，通过可学习的布局预测机制突破预定义模块配置的局限，显著提升了模型对数据驱动推理模式的自适应能力。

与此同时，动态记忆网络（dynamic memory networks，DMNs）为复杂推理任务提供了新思路。Xiong 团队将其引入视觉问答领域，通过多轮特征交互机制实现视觉-语言特征的迭代精炼。Noh 等提出的递归应答单元（recurrent answering units，RAUs）则采用隐式推理架构，在无须显式解析的情况下完成多步骤语义合成。这些方法通过构建可扩展的推理单元，有效缓解了传统模型在长程逻辑关联建模方面的不足。

当前模块化方法在合成数据集上展现出显著优势，但在真实场景应用中仍面临两大挑战：其一，自然图像复杂的视觉语境与语言问题的强组合性对特征解耦能力提出更高要求；其二，现有模块间的信息传递机制难以支撑深层次推理链的构建。随着自监督学习与图神经网络等技术的发展，模块化架构有望突破特征表达瓶颈，通过可解释的推理路径建模推动视觉问答模型向人类级认知能力迈进。

（4）图网络方法。图神经网络技术因其强大的关系表征能力，在跨模态推理任务中展现出独特优势。通过将多模态实体抽象为节点、语义关联映射为边连接，这种拓扑结构能够显示建模视觉元素与语言概念之间的复杂交互，为视觉问答模型提供可追溯的推理路径。其核心价值体现在两个方面：一是通过邻域信息传播机制捕获语义上下文关联；二是借助图学习过程实现多层次特征精炼，显著提升了模型的可解释性与推理能力。

在视觉问答领域，研究者已发展出多种图结构创新架构。Teney 团队开创性地采用图卷积网络（graph convolutional network，GCN）构建句法感知的跨模态表征，通过依存句法分析获取文本结构信息，将词向量嵌入作为节点特征，句法依赖关系编码为边特征。Li 等提出的关系感知图注意力网络突破性地整合了显式空间关系与隐式语义关联，采用自适应注意力机制动态评估图像区域间的交互强度，有效解决了传统方法中特征交互建模的均质化问题。针对复杂推理任务，Shi 团队将黑盒神经网络解耦为可解释的模块化组件，利用场景图显式表达对象属性和空间关系，实现了结构化知识的透明化推理。Zhu 等则构建了多模态异构图模型，通过模态感知卷积层实现跨层语义聚合，其迭代推理机制显著增强了证据链的完备性。

视觉常识推理（visual commonsense reasoning，VCR）任务中，图网络的应用进一步深化。Yu 团队设计的异构图学习框架通过构建图像-问题-答案三元组拓扑，创新性地实现了图内推理与跨图关联的双重优化。Wu 等提出的方向感知图网络包含两个核心模块：模态交互单元通过高阶关系对齐实现特征增强，方向推理模块则依据实体重要性动态筛选关键节点，有效缩小了语义鸿沟。Zhang 团队的跨模态表示学习网络突破性地融合句法结构指导，在双分支神经架构中同步优化视觉推理与语言理解过程。

当前图网络架构仍面临重要挑战：全连接图结构虽能完整捕获潜在关联，但存在计算复杂度高、噪声干扰显著等问题。如何设计自适应阈值机制，在保证关键语义关系完整性的前提下实现稀疏化图构建，仍是亟待突破的技术瓶颈。这需要从两方面进行优化：一方面引入可学习的边权预测模块，动态调整节点连接强度；另一方面结合先验知识约束图结构生成，例如利用空间位置约束或语义相似性指导边连接筛选。

2. 知识增强

人类视觉认知机制具有显著的语义深度解析能力，当面对复杂视觉场景时，不仅能够识别显性视觉元素，更能通过生活经验与常识储备推断隐含语义信息（如行为动机、情感状态等）。这种高阶认知特性启发了人工智能研究的重要方向——如何将外部知识体系整合到跨模态推理框架中，以提升模型对视觉语义的深层理解能力。近年来，知识增强型视觉推理模型逐渐成为研究热点，其核心在于构建开放域知识引导的认知增强范式。

传统视觉推理模型受限于封闭式特征空间，难以有效处理开放域语义关联。研究表明，单纯依赖视觉-文本双模态表征会导致语义推理链断裂，而知识图谱等外部知识源的引入可显著增强模型的常识推理能力。当前主流方法主要采用三种知识整合策略：图结构知识融合、注意力引导知识筛选以及混合知识表征学习。

在图结构知识融合方面，Yu 团队提出多模态知识图推理框架，构建视觉图（空间关系）、语义图（概念关联）和外部知识图（常识体系）的协同推理机制。该模型通过迭代式图卷积操作实现跨模态证据链的整合，其创新性体现在将复杂推理过程解耦为可解释的图遍历路径。类似地，Zhang 等开发的知识增强网络引入动态注意力门控模块，该组件能够依据问题语义自动调节知识图谱节点权重，有效解决知识噪声干扰问题。

混合知识表征方法具有独特的优势。Marino 团队提出双路径知识融合架构：

一方面通过 Transformer 模型学习隐式语言知识；另一方面从结构化知识库抽取符号化知识，创新性地实现神经表征与符号逻辑的协同优化。这种混合架构在 VQA-v2 数据集上比基线模型取得较高的准确率。Dai 等则探索知识蒸馏技术，将预训练语言模型中的语义知识迁移至视觉推理模型，通过跨模态对齐损失函数增强模型泛化能力。Wu 团队提出的区域-知识联合推理模型开创了细粒度知识整合新范式。该方法首先通过注意力机制定位关键图像区域，随后在 ConceptNet 等知识库中检索相关语义信息，最终构建区域特征与知识嵌入的联合推理空间。这种层级式融合策略在需要复杂常识推理的 Why-QA 数据集上展现出显著优势，其答案生成的可解释性获得人工评估高认可度。

视觉常识推理任务的复杂性体现在其双重目标要求：不仅要准确回答问题（QA），还需为答案选择提供合理依据（QA→R）。这种递进式推理范式对模型的跨模态关联能力与常识知识储备提出了更高要求。为此，研究者开发了多种知识增强型推理框架，其核心在于构建开放域知识引导的认知增强机制。

在表征解耦方面，Whitehead 团队提出技能-概念分离式学习框架，将视觉关系（技能）与语义实体（概念）进行独立编码。通过设计对比损失函数强化技能-概念协同优化，该方法显著提升了目标实体与动作谓词的定位精度。实验表明，这种解耦策略使视觉常识推理任务准确率有所提升，尤其在涉及复杂动词推理的场景中优势明显。Wen 等则构建了三维知识迁移体系：在细胞层级建立细粒度特征关联，通过层次化抽象实现知识蒸馏，最终利用注意力门控完成跨模态知识筛选。这种多层次架构使模型能够模拟人类常识推理中的渐进式认知过程。

图神经网络与知识图谱的融合为结构化推理提供了新思路。Zhang 团队提出的语义增强型场景图网络，通过连接外部知识库中的名词实体与谓词关系，构建了三元组的常识图谱。其创新性体现在两方面：首先设计图注意力卷积层捕获高阶语义关联；其次开发动态子图采样机制降低计算复杂度。Yu 等将场景图结构化知识融入跨模态对齐过程，通过对象-属性-关系三级语义约束，成功将视觉-语言语义鸿沟缩小。Zellers 团队利用多模态自监督学习，通过视频-语音对预训练实现时空知识联合建模，其构建的 ViLBERT-M 模型在零样本推理任务中展现出强大泛化能力。

知识增强机制的优势主要体现在：通过多源知识融合建立细粒度语义映射，为推理过程提供可验证的证据链；利用结构化知识图谱弥补数据驱动的表征缺陷。然而，当前模型仍面临挑战：多模态信息融合时缺乏动态知识筛选机制，导致无关知识被引入推理过程；跨模态知识对齐过程中存在语义漂移现象，关键推理步骤受到噪声干扰。这些问题的根源在于现有模型未能建立上下文敏感的知识检索机制，以及在异构知识融合时忽视语义冲突消解。未来研究需重点探索知识门控网络与矛盾消解算法，以实现精准的知识动态适配。

2.2.4　数据集介绍

1. 早期数据集分析

视觉问答研究范式的演进与数据资源的建设密不可分，其核心数据集的构建经历了从探索期到规范化的迭代过程。早期研究阶段（2014—2016 年）涌现的六大自然图像数据集，为领域发展奠定了重要基础，但均存在不同程度的局限性。

DAQUAR 作为首个室内场景问答基准，虽然开创了（图像，问题，答案）三元组范式，但其数据规模仅含 1 449 张图像和 12 468 个问答对，且图像背景复杂度与问题设计合理性存在明显缺陷。实验研究表明，即便人类受试者在该数据集上的准确率也仅达 50. 2%，这反映出其作为评估工具的可信度不足。同期提出的 COCO-QA 通过自动化策略将图像描述转化为问题，虽然将数据规模扩展至 12. 3 万个问答对，却因机械式转换导致问题模板重复率高达 78%，严重削弱了模型的泛化能力测试价值。

随着研究深入，更大规模的基准集相继问世。Visual7W 通过众包平台构建了包含 7. 3 万张图像和 47. 3 万个问答对的语料库，首次引入答案选项的干扰项设计。Visual Genome 则实现了百万级视觉概念标注，其 1 080 万区域描述与 170 万问答对为细粒度推理提供了丰富素材。然而，这些数据集仍面临系统性偏差挑战：问题分布呈现明显的长尾效应，约 63% 的视觉概念仅出现于 1% 的问题中；答案标注存在文化背景依赖，导致跨领域模型性能差异较大。值得注意的是，COCO-VQA 通过平衡策略将数据规模扩展至 61. 4 万问答对，但其问题生成过程仍受限于图像描述文本的语义边界，约 32% 的问题存在答案确定性问题。

针对视觉问答模型易受数据偏差影响的问题，2017 年 Goyal 团队构建的 VQA 2. 0 数据集实现了重要突破，该数据集较前代 VQA 1. 0 实现了样本容量的大幅扩充，通过创新性的对比问答机制优化了数据均衡性——通过向不同视觉样本提出相同问题并要求获得对立答案，有效缓解了原始版本中的类别分布倾斜问题。然而后续研究发现，该数据集仍存在训练集与测试集答案模式趋同的缺陷，导致模型可能通过捕捉统计规律而非真实语义理解获得虚高准确率，这在一定程度上限制了模型的迁移应用能力。

在评估体系优化方面，Kafle 研究组开发的 TDIUC 数据集开创了细粒度评估新范式。该数据集通过建立 12 个语义维度（包括存在性判断、实体识别、数量统计、色彩分析、属性归类、行为识别、运动解析、空间推理、场景判定、情感分析、功能推测及异常检测），构建了多维评估体系。这种架构不仅支持各维度独立性能分析，还能通过两种复合指标实现整体评估：算术平均精度反映总体性能水平，而调和平均精度则强调模型在各维度的均衡表现，尤其关注弱势维度的提升空间。这种双重评估机制有效规避了传统单一指标可能掩盖的模型能力缺陷，为模型优化提供了更精确的改进方向。

针对模型推理能力的量化分析需求，学界构建了合成图像基准集，其中 SHAPES 与 CLEVR 数据集具有重要意义。这类合成数据集通过可控场景设计，突破了自然图像在空间关系与逻辑推理测试方面的局限。SHAPES 基准集包含 244 个结构化问题，每项问题关联 64 幅二维几何图像，采用二分类答案（是/否）简化评估流程。其核心价值在于构建了可追溯的视觉推理测试框架，但由于合成场景与真实世界的语义鸿沟，模型表现难以有效迁移。在此基础上，CLEVR 数据集通过三维渲染技术生成 10 万张合成图像，并构建包含 86.5 万个问题的测试体系。问题类型涵盖属性识别（形状、材质）、数量统计、空间关系判断及逻辑运算（与/或/非）等认知维度。然而，深入分析发现，模型在复杂问题（如“大球左侧褐色金属物体左边圆柱体的尺寸”）中的优异表现主要依赖语言解析能力，而非实质性的视觉推理。这种本末倒置现象揭示了当前评估体系的结构性缺陷——语言先验知识可能掩盖视觉理解的真实水平。

为探索知识增强型视觉推理，研究者构建了 KB-VQA 与 FVQA 两大知识密集型基准集。KB-VQA 从 COCO 图像库选取 700 张真实场景图片，构建 2 402 个需要 DBpedia 知识支持的问答对，其问题复杂度涵盖常识推理（“此建筑风格起源于哪个世纪”）到专业领域知识（“该植物在药用分类学中的门类”）。FVQA 则通过分层知识图谱构建，整合 58 000 个视觉概念与 193 005 个证据性事实，其 4 608 个问题均需依赖外部知识完成推理。

2. VQA-CP 数据集

当前基准集普遍存在训练-测试数据分布同质化问题，导致模型可通过记忆语言模式而非视觉理解获得虚高准确率。典型例证如“香蕉颜色”类问题，由于训练集中“黄色”答案占比过高，模型无须解析图像即可输出正确答案，这种“盲答”现象严重削弱了评估体系的可信度。

为破解这一困局，Aishwarya 团队构建了 VQA-CP 诊断性基准集。该数据集通过语义解耦策略重构数据划分：在保持视觉概念连贯性的前提下，强制分离训练集与测试集的答案分布。例如，在“运动类型”问题中，训练集主导答案设置为“网球”，而测试集则替换为“滑冰”。这种对抗性划分使模型无法依赖语言统计规律，必须建立视觉-语义的真实关联。VQA-CP v1 与 v2 版本分别覆盖原数据集 98.04% 与 99.01% 的语义概念，确保评估过程的可靠性。

数据集结构方面，VQA-CP v1 包含 11.8 万张训练图像与 8.7 万张测试图像，分别对应 24.5 万和 12.5 万个问题；VQA-CP v2 扩展至 12.1 万张训练图像与 9.8 万张测试图像，问题规模达 43.8 万和 22 万个。值得注意的是，测试集答案覆盖率在 v1/v2 版本分别达到 95.07% 和 95.72%，充分保证评估的全面性。实验结果显示，传统模型在 VQA-CP 上的性能下降，其中基于语言先验的基线模型准确率大幅下降。这一现象证实了现有模型对语言偏差的过度依赖，凸显了构建视觉主导推理机制的必要性。

3. VQA-Rephrasings 数据集

现有模型对语义等价但表述不同的问题呈现出显著响应差异。为量化评估模型的语义一致性，学界构建了数据集 VQA-Rephrasings。该数据集通过结构化重构策略，系统性解构了问题表述与模型鲁棒性的关联机制。

基于 VQA v2 验证集，研究团队开发了分阶段人工校验流程：从 40 504 张原始图像中随机采样等量问题作为基准，由专业标注人员对每个问题生成三个语义等价的变体。校验过程采用双重过滤机制，第一阶段确保重构问题与原始答案的语义一致性，第二阶段通过语法规范性与逻辑完整性审查剔除无效样本。经过严格筛选，最终构建的评估体系包含 162 016 个有效问题（含 121 512 个重构问题），平均每张图像对应 3.2 个语义等价问题。

4. TallyQA 数据集

视觉问答模型在数值推理任务中的表现仍存在显著瓶颈，尤其是在涉及多目标计数与属性关联的复杂场景下。当前主流基准集的计数问题比例分布存在严重失衡：COCO-QA 仅涵盖 7% 的计数任务，VQA 系列数据集维持在 10% 左右，即便是侧重诊断的 TDIUC 数据集也仅达到 20%。专精计数任务的 CountQA 与 HowMany-QA 虽针对性更强，但其数据规模有限，且问题复杂度多停留在单目标检测层面，缺乏需要多模态推理的进阶问题（如“身着红色上衣且手持物品的顾客数量”）。

鉴于此，Acharya团队通过亚马逊众包平台采集3.8万个需综合推理的复杂计数问题（如遮挡目标统计、跨属性关联计数），整合现有数据集的1.5万个基础计数样本形成对照组，提出了TallyQA数据集。

小结

本章系统梳理了自然场景文本处理与视觉问答两大领域的核心技术与发展脉络。在文字检测识别方向，聚焦深度学习驱动的文本检测、识别及端到端方法，解析了自然场景下文字检测识别的技术挑战与解决方案；在视觉问答方向，从任务定义、核心挑战、多模态融合方法到数据集构建，全面探讨了视觉与语言的交互机制。

第 3 章 场景文字问答技术概述

本章主要论述场景文字视觉问答技术。首先介绍场景文字视觉问答任务中使用到的计算机视觉以及自然语言处理相关深度学习技术，包括 Faster R-CNN、ViT、SAM、FastText、Glove、PHOC、Bert、Trasnformer、T5 等模型；然后详细介绍场景文字视觉问答相关工作研究现状；最后介绍场景文字视觉问答的主要数据集和评测指标。

3.1 场景文字视觉问答技术相关深度学习模型

3.1.1 视觉特征提取模型

场景文字视觉问答任务需要对自然场景中的多种模态信息进行处理，一般使用 Faster R-CNN 和 ViT 模型来提取场景文字的视觉特征。由于在第 6 章中需要使用 SAM 模型进行分割，因此本节简要介绍该模型。

1. Faster R-CNN 模型

Faster R-CNN（faster region convolutional neural network）是一种用于目标检测的深度学习模型。它是基于卷积神经网络（CNN）的一种改进方法，通过引入候选区域提取和区域分类的两个阶段，实现了高效准确的目标检测。

如图 3-1 所示，Faster R-CNN 的结构包括三个主要的组件：特征提取网络（backbone network）、候选区域提取网络（region proposal network，RPN）和目标分类网络（region of interest，RoI）。

特征提取网络负责从输入图像中提取高级语义特征。常用的选择是使用预训练的 CNN 模型（如 VGG、ResNet 等）作为特征提取器，将图像通过 CNN 网络前向传播得到特征图。

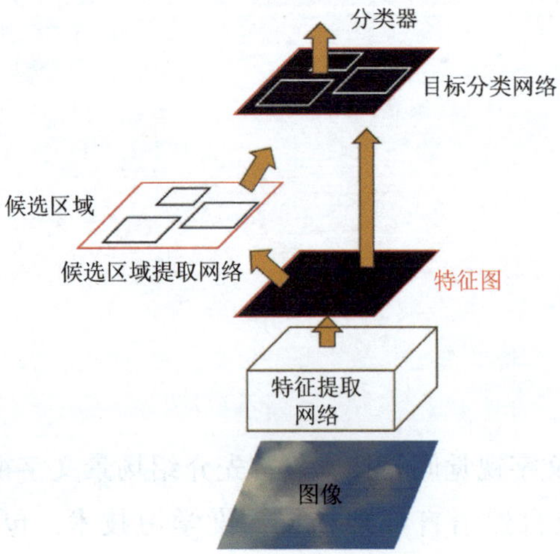

图 3-1　Faster R-CNN 的结构

候选区域提取网络是 Faster R-CNN 的核心部分，它负责生成候选区域。候选区域提取网络接收特征图作为输入，通过滑动窗口的方式在不同位置和尺度上生成一系列候选区域。对于每个候选区域，候选区域提取网络会计算它是否包含目标对象，并输出候选框的边界框修正信息。

对于自然场景中检测到的文字和物体，一般使用 Faster R-CNN 特征图的第六层作为文字和物体的视觉特征，并接上一层线性层用于微调。

2. ViT

ViT（vision transformer）是一种基于 Transformer 的图像分类模型，它将图像视为一系列的分块（patch），并通过 Transformer 模型进行处理。

ViT 的核心思想是将图像转换为序列数据，以便 Transformer 可以处理，如图 3-2 所示。

（1）在 ViT 中，图像块分割将输入图像划分为固定大小的块，每个块被展平为一维向量。这些向量作为输入序列传递给 Transformer 模型。

（2）Transformer 模型接收输入序列，并通过多层的自注意力机制和前馈神经网络对序列进行处理。自注意力机制能够捕捉序列中不同位置的关系，并提取全局上下文信息。

（3）经过 Transformer 模型处理后的向量被送入全连接层和分类器，以进行最终的分类预测。

ViT 的优势在于能够通过 Transformer 模型学习到图像中不同区域之间的关系，

从而实现图像分类任务。因此，在场景文字视觉问答模型中如果使用 ViT 模型，一般用来提取整个场景的全图视觉信息并将其拼接到输入序列当中，之后再输入后续的多模态融合模块。

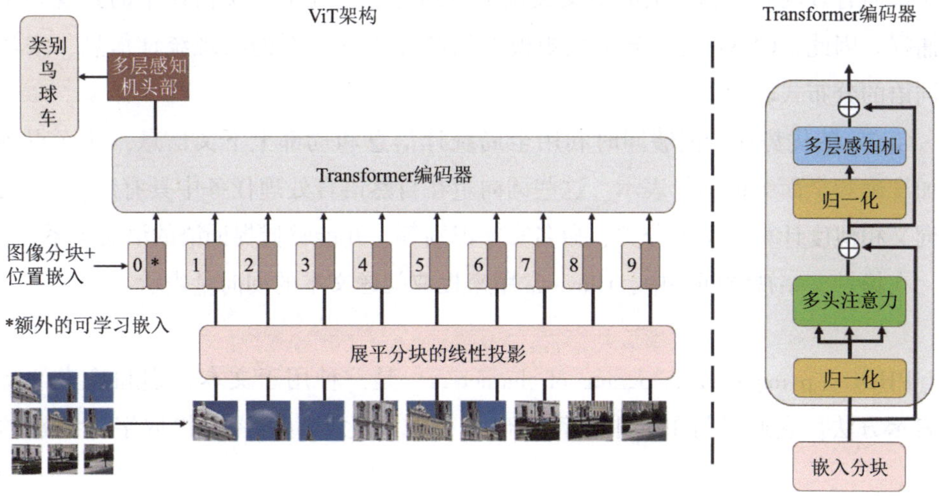

图 3-2　ViT 的结构

3. 1. 2　语义特征提取模型

场景文字视觉问答任务需要对自然场景中的多种模态信息进行处理，一般使用 FastText、GloVe、PHOC 和 Bert 模型来提取场景文字的语义特征。

1. FastText

FastText 是一种文本分类与词向量学习的快速工具库，由 Facebook AI Research 开发。它是基于词袋模型和 n-gram 特征的文本分类算法。

FastText 的核心思想是将词语表示为字符的 n-gram 特征，并利用这些特征进行文本分类。与传统的词向量模型相比，FastText 能够更好地处理字典外词（out-of-vocabulary）和低频词（rare words）。

FastText 在训练过程中具有高效性和可扩展性，可以处理大规模文本数据。此外，FastText 还支持多语言文本分类，并提供了预训练的词向量模型，可以直接应用于其他自然语言处理任务。

在场景文字视觉问答中，FastText 常用来提取场景文字的词向量表示。

2. GloVe

GloVe（global vectors for word representation）是一种用于学习词向量表示的算

法。与其他词向量模型（如 Word2Vec）相比，GloVe 的特点是能够同时利用全局统计信息和局部上下文信息。

GloVe 的目标是通过学习词语之间的共现关系来得到词向量表示。它基于一个简单而有效的假设：词语的语义关系可以通过它们在上下文窗口中的共现频率来捕捉。因此，GloVe 通过分析大规模的语料库中词语对的共现统计信息，来学习词语的分布式表示。

GloVe 的优势在于能够同时利用全局统计信息和局部上下文信息，从而得到更加准确和全面的词向量表示。这些词向量在自然语言处理任务中具有广泛应用，如词义相似度计算、文本分类、命名实体识别等，并能够捕捉词语的语义关系。

在场景文字视觉问答中，Glove 常用来提取问题文本的词向量表示。

3. PHOC

PHOC（pyramid of histograms of characters）是一种用于文本识别和检索的特征表示方法。它通过将单词中字符的出现模式转化为直方图，提取字符级别的特征。

PHOC 的基本思想是将单词中的字符划分为几个级别，并对每个级别生成一个直方图。这些级别可以是整个单词、字符级别或更高级别的子词单元。通过将字符出现的位置信息转化为直方图，PHOC 能够捕捉字符在单词中的分布模式。

PHOC 的结构类似于金字塔，其中底层包含了单词的整体特征，而上层则包含了更细粒度的特征。每个级别的特征都表示了单词中字符出现的频率。这种金字塔结构使得 PHOC 能够同时考虑单词的整体形状和字符级别的细节信息。

PHOC 的特征表示可以用于文本识别任务，如场景文本识别和手写文本识别。它还可以用于文本检索任务，如关键字检索和文本定位。通过将单词转化为 PHOC 特征，可以将文本表示成稠密的向量形式，从而方便与其他文本进行相似性比较和匹配。

在场景文字视觉问答中，PHOC 常用来提取场景文字的词向量表示。

4. Bert

Bert（bidirectional encoder representations from transformers）是一种基于 Transformer 架构的预训练语言模型。Bert 的独特之处在于它能够双向地学习上下文信息，从而更好地理解单词和句子的语义。传统的语言模型通常是从左到右或从右到左单向学习，而 Bert 通过使用双向 Transformer 编码器，同时考虑了上下文的前后文信息，其结构如图 3-3 所示。

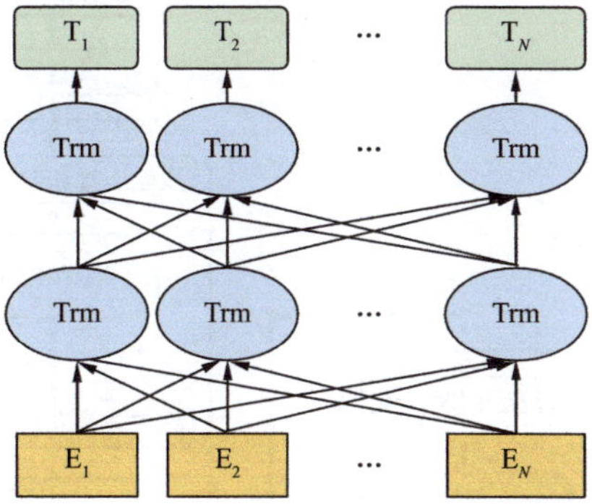

图 3-3　Bert 的结构

Bert 的优势在于它能够通过预训练大规模语料库来学习通用的语言表示，然后通过微调适应不同的具体任务。

在场景文字视觉问答中，Bert 常用来提取问题的文本信息并获取其上下文关系。

3.1.3　多模态融合模型

场景文字视觉问答任务需要对自然场景中的多种模态信息进行处理，其中一般使用 Transformer 和 T5 模型来处理多种模态信息之间的交互、融合和理解。

1. Transformer

Transformer 是一种用于自然语言处理的神经网络模型。它的设计目的是解决传统循环神经网络（RNN）在处理长距离依赖性时的问题。

Transformer 模型的核心结构是自注意力机制（self-attention），它能够将输入序列中的每个位置与其他位置进行交互和关联。自注意力机制能够学习到输入序列中各个位置的重要性权重，从而更好地捕捉上下文信息。

如图 3-4 所示，Transformer 模型由多个堆叠的编码器和解码器组成。编码器负责将输入序列转化为一系列特征表示，而解码器则利用这些特征表示生成输出序列。编码器和解码器都由多层的自注意力机制和前馈神经网络组成。

在自注意力机制中，输入序列的每个位置都会与其他位置进行关联，形成一个权重矩阵，用于计算加权和。这种交互能够使得模型在处理长距离依赖性时具有良好的效果。此外，Transformer 模型还引入了残差连接和层归一化等技术，有助于提高模型的训练效果和稳定性。

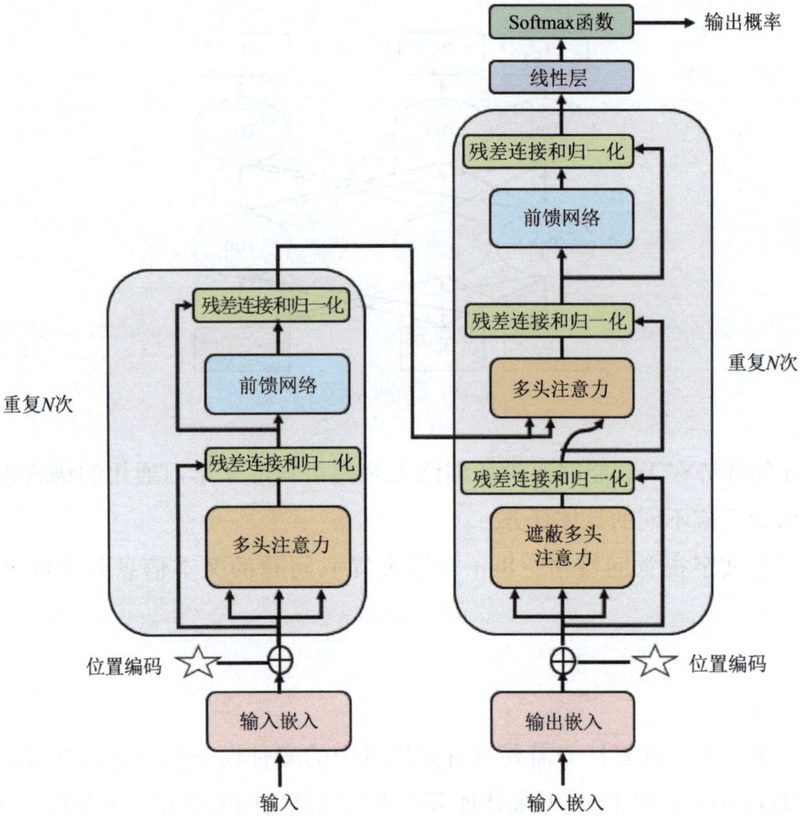

图 3-4　Transformer 的结构

Transformer 模型在各种自然语言处理任务中表现出色，并具有高效性和可扩展性。

2. T5

T5（text-to-text transfer Transformer）是一种基于 Transformer 架构的通用文本生成模型，它的设计理念是将各种自然语言处理任务都转化为文本到文本的转换问题。这意味着无论是文本分类、文本生成、命名实体识别还是机器翻译等任务，都可以通过提供相应的输入文本和输出文本来进行训练和推理。

T5 模型的核心结构同样是 Transformer，它具有编码器-解码器的架构。编码器负责将输入文本转化为特征表示，而解码器则利用这些表示生成输出文本。不同任务的输入文本和输出文本可以通过添加特定的前缀和后缀进行区分。

T5 模型通过大规模的预训练和微调来实现。在预训练阶段，T5 使用海量的文本数据进行训练，学习通用的文本表示。在微调阶段，T5 根据具体任务的数据和标签进行有监督的训练，调整模型参数，以适应特定任务的要求。

T5 模型的优势在于它具有通用性和灵活性。通过将各种自然语言处理任务转化为文本转换问题，T5 能够在多个任务上进行端到端训练和推理，避免了针对每个任务独立设计模型的繁重工作。此外，T5 模型在多个公开的数据集上取得了出色的性能，具有强大的文本生成和理解能力。

T5 模型具有通用性、灵活性和出色的性能，在自然语言处理领域具有重要的应用和影响。

3.2　场景文字视觉问答技术的发展

在场景文字的视觉问答任务提出之后，由于其应用场景的广泛性以及任务的复杂性，近年来获得越来越多来自学术界和工业界的关注。按照技术的发展路线，场景文字视觉问答模型大致可分为基于编码器和解码器框架的场景文字视觉问答模型、基于图神经网络的场景文字视觉问答模型、针对预训练任务的场景文字视觉问答模型以及基于数据增强的场景文字视觉问答模型。本节介绍每种模型所包含的模型及其优缺点。

3.2.1　基于编码器和解码器框架的场景文字视觉问答模型

1. LoRRA

（1）模型设计。2019 年，Facebook 提出面向场景文字的视觉问答任务 TextVQA，同时提出了基于编码器-解码器框架 LoRRA。如图 3-5 所示，LoRRA 模型将问题通过 GloVe 预训练模型转换成词向量之后通过 LSTM 模型输出问题的嵌入表示，对于图片中的物体，通过 Faster R-CNN 识别并提取检测到的物体区域视觉特征，对于图片中的文字，则通过外部 OCR 系统检测文字所在区域及识别文字，其中识别到的文字通过 FastText 模型提取其词向量表示，最后通过注意力机制将各种模态的信息进行融合，再将其分类概率输出为固定大小的词典 k 类（一般 $k=5\ 000$），以及检测到的 M（一般 $M=50$）个 OCR 可能为答案的概率，最后将这两个概率分布进行拼接，通过二元交叉熵损失（binary cross-entropy loss）函数来进行监督训练，在测试阶段直接输出拼接后概率最高的标签作为答案输出。

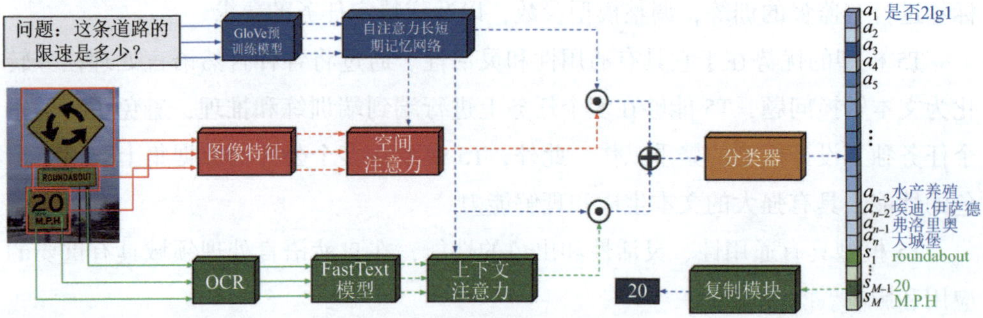

图 3-5　LoRRA 模型的总体框架

（2）模型缺陷。LoRRA 为面向文字的视觉问答任务定下了基础，但是却存在以下几个问题：①在 LoRRA 中的注意力只存在于两个模态之间（问题与物体、问题与文字），这种局限性限制了模型的性能，毕竟物体与文字也在空间位置以及视觉特征上存在交互。②LoRRA 只能复制 OCR 识别中的一个文字作为答案，但是答案可能是多个文字组成的。③模型忽略了文字所在区域的视觉特征以及空间位置信息，这样对于文字的颜色、文字的大小以及问题中的方位词无法进行有效处理。

2. M4C

（1）模型设计。2020 年，Facebook 进一步提出了 M4C，解决上述 LoRRA 存在的问题，由于当时 Transformer 模型的火热，以及在多模态理解领域已经进行过许多应用 Transformer 的尝试，M4C 直接采用多模态 Transformer 层构成，如图 3-6 所示，其中 OCR 识别的文字特征加入了所在区域的视觉信息，模型通过使用多模态 Transformer 层可以直接让输入的问题词嵌入特征、物体特征以及 OCR 识别的文字特征直接进行交互，并且通过指针网络多步输出 OCR 中的文本，解决了 LoRRA 中存在的问题。

（2）模型缺陷。M4C 作为 TextVQA 领域的经典之作，其性能提升显著并且解决了领域内部分问题，但是其仍然存在缺陷：①没有合理地利用物体以及文字的空间位置信息，只是简单地将其拼接到原有视觉及文本语义特征上。②物体与文本间的信息交互只是通过简单的注意力机制，并没有特别设计，不具备推理能力。

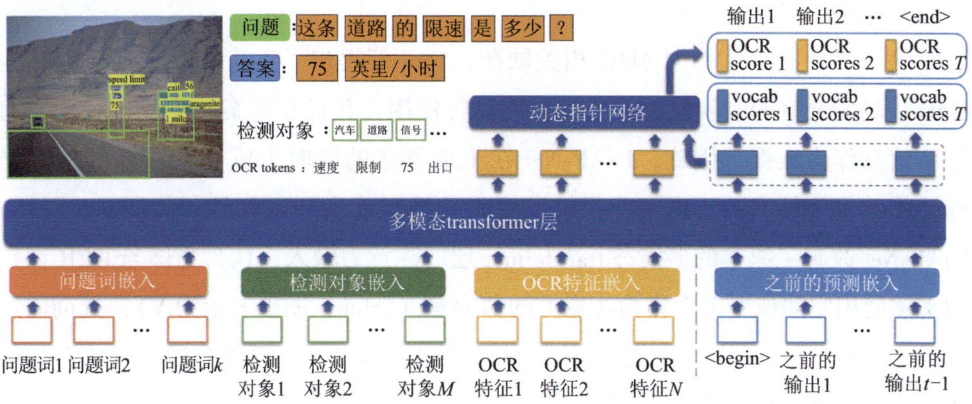

图 3-6　M4C 模型的总体框架

3. CRN

（1）模型设计。针对 M4C 模型中不同模态的信息只是通过简单的注意力机制进行融合交互，Liu 等提出了 CRN 模型，如图 3-7 所示，该模型通过提出级联推理模块，使得模型通过多个阶段的推理过程逐步提炼问题和图像的交互信息，从而更好地理解和回答问题。通过提出多模态推理图模块使得 CRN 在每个阶段都引入了语义信息和视觉信息的融合，从而充分利用了两者之间的互补性，提高了问题理解和回答的准确性。

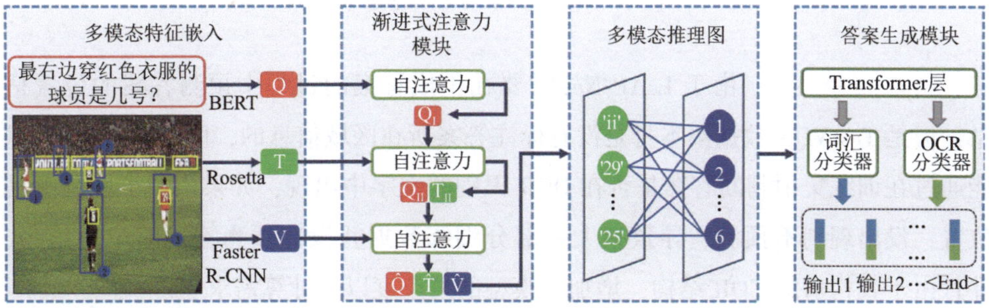

图 3-7　CRN 模型的总体框架

（2）模型缺陷。尽管 CRN 引入了多个阶段和多个模块来帮助模型层层递进式地推理答案，但是其性能提升十分有限，又使得模型变得更加复杂，并导致训练和推理的时间和计算成本增加。CRN 大部分性能提升来自该模型提出的额外的关于 ANLS 指标有关的损失函数。

4. LaAP-Net

(1) 模型设计。针对 M4C 相关缺陷，Han 等提出了 LaAP-Net，Han 等认为 M4C 中场景文字的空间位置关系没有被妥善使用，并且在答案的生成过程中没有任何信息作为证据，因此，LaAP-Net 在生成答案的同时生成一个答案的位置坐标，将其作为答案的证据，使得模型更具备推理能力和解释性。如图 3-8 可知，LaAP-Net 改善了原本的多模态 transformer 层的注意力输入，认为物体与 OCR 识别的文字使用空间位置关系作为注意力的值向量（value，图中表示为 V）、查询向量（query，图中表示为 Q）和键向量（key，图中表示为 K）更加合理，以此引导物体与 OCR 识别的文字的特征进行融合。

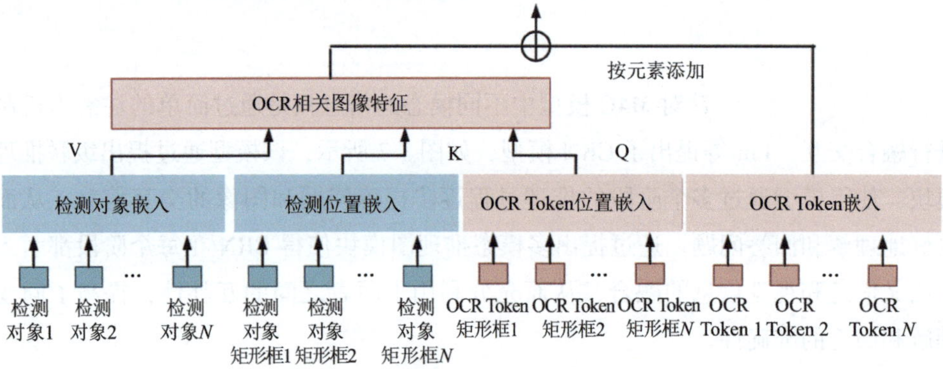

图 3-8　LaAP-Net 模型的总体框架

(2) 模型缺陷。由于 LaAP-Net 需要在生成答案的过程中预测答案的位置信息，但是 TextVQA 数据集本身是没有标注答案所在区域信息的，因此 LaAP-Net 只能通过在训练集中判断答案是否在 OCR 识别的文字中出现，如果出现了则预测其位置，没出现则不预测，导致很大一部分训练数据并没有预测答案的位置信息，并且由于其构造的 COR 结构，增加了模型的复杂度以及计算需求。

5. SSBaseline

(1) 模型设计。在场景文字视觉问答领域之前的工作中，研究者主要关注如何将自然语言问题与图像进行联合建模，以实现基于文本的视觉问答。这些模型包括使用视觉特征和文本特征的融合、注意力机制的应用以及多模态的建模等，但是随着模型结构的复杂化，模型的特征输入长度对于模型计算复杂度影响很大，于是 Zhu 等提出了 SSBaseline 模型。如图 3-9 所示，其从输入 Transformer

多模态融合模块前先将问题文本、场景通过其提出的特征总结模块进行压缩，大大地缩短了模型输入的长度，从而在保持模型性能提升的同时降低模型计算的复杂度。

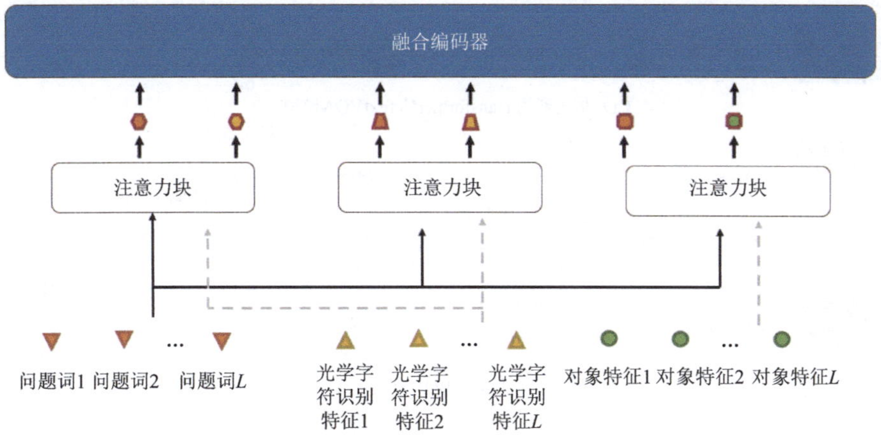

图 3-9　SSBaseline 模型的总体框架

（2）模型缺陷。虽然 SSBaseline 模型降低了模型计算的复杂度，但是对于场景文字视觉问答任务中场景文字的理解能力、场景文字间的关系建模能力以及场景文字的空间位置表示能力都不能很好地提升。

6. BOV

（1）模型设计。针对 M4C 相关缺陷，Zeng 等提出了 BOV，如图 3-10 所示，BOV 针对目前现有的工作倾向于将光学字符识别（OCR）作为一种预处理，然后将其与 VQA 框架相结合。这使得多模态推理和问答的性能高度依赖于 OCR 的准确性。这项工作从两个角度解决这个问题。首先，利用多模态线索来完成文本的语义信息，提出了一种视觉增强的文本嵌入，以便在不准确识别文本的情况下理解文本。其次，进一步利用丰富的上下文信息来修改答案文本，即使 OCR 模块没有正确识别它们。

（2）模型缺陷。由于 BOV 方法需要单独地训练一个目标检测器以及用于视觉增强的文本识别模型，这使得整个模型的训练流程需要分开进行。受限于视觉增强的文本识别模型使用的 FastText 特征并不具备对于字符级别粒度信息的理解能力，该视觉增强的文本嵌入对于 OCR 字符级别的错误无法处理。

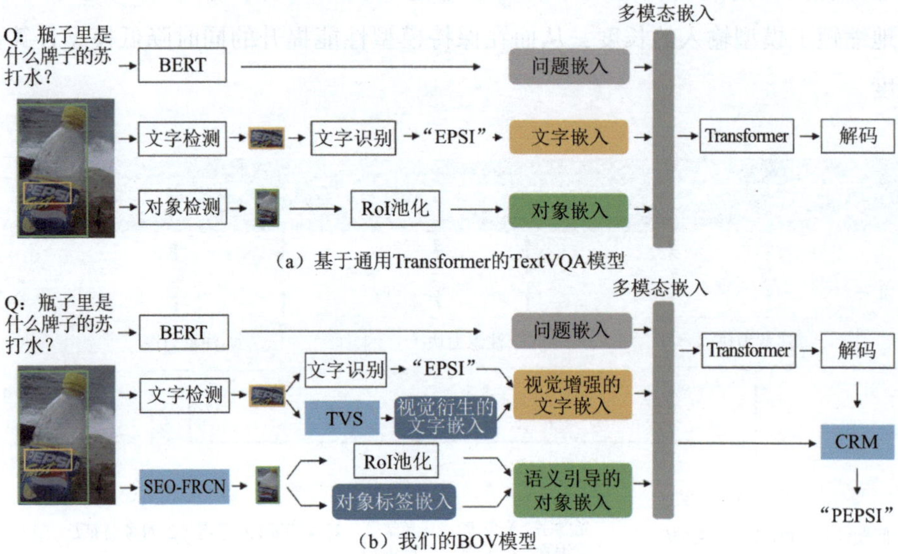

图 3-10　BOV 模型的总体框架

7. TWA

（1）模型设计。针对 M4C 相关缺陷，Jin 等提出了 TWA，如图 3-11 所示，TWA 针对目前现有的工作模型性能高度依赖 OCR 的准确性。该方法提出了一个 OCR 令牌词对比（TWC）学习任务，它通过 OCR 令牌和字典中单词之间的平均归一化编辑距离增加 OCR 令牌来预训练单词表示。其次，通过假设拼写错误的 OCR 标记中的大多数字符仍然正确，提出并微调了多模态 Transformer 以使用基于字符的词嵌入来预测答案。

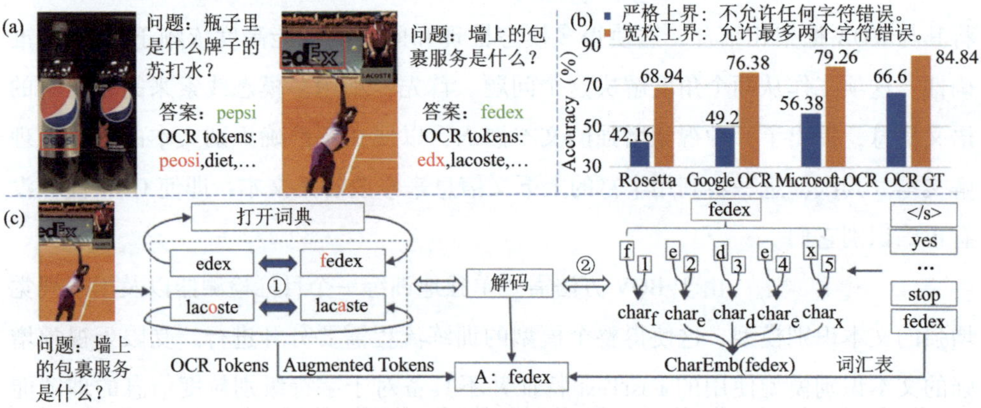

图 3-11　TWA 模型的总体框架

（2）模型缺陷。由于 TWA 方法使用了一个固定的词典以来改善 OCR 识别错误，该方法存在以下两个问题：①想要修改的 OCR 文本的错误，则 OCR 正确的词必 须得在这个固定词典中。②目前使用的平均归一化编辑距离不能十分准确找出 OCR 识别错误文本的正确单词，存在一定误差。

8. LTG

（1）模型设计。自然场景中不仅存在场景文字还有很多物体，而场景文字一般是记录在这些物体上的，如何建模场景文字以及物体之间的关系成为待解决的一个问题。如图 3-12 所示，LTG 模型提出了先定位后推理答案的方法，通过先预测答案框所在位置再通过该位置边界框与场景文字和物体的边界框的重合度，在空间位置方面生成一个场景文字为答案的概率，帮助模型推理问题的答案。

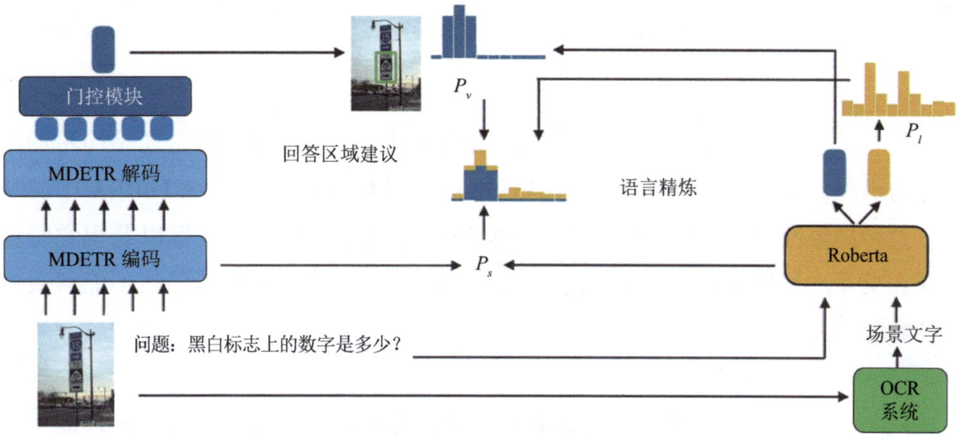

图 3-12　LTG 模型的总体框架

（2）模型缺陷。虽然 LTG 尝试从空间位置的重合度角度来帮助模型在推理答案的过程中有明确的证据信息修正从语义角度生成的答案，但是由于该模型使用 MDETR 模型根据问题预测答案所在位置，其性能依赖于该模型的准确率。

3.2.2　基于图神经网络的场景文字视觉问答模型

1. MM-GNN

由于图网络可以建模不同对象之间的关系以及权重等信息，它有助于理解视觉场景背后的语义含义。给定一幅图像和问题，构建问题、图像中的物体、图像中的文字三种异构节点，并通过设计不同的聚合器学习各个节点之间的关系，使得基于图结构的模型可以在面向场景文字的视觉问答任务中取得有效的成果，因为其可以在一定程度上解决多模态信息特征融合与对齐的问题。

（1）模型设计。为了帮助模型更好地理解图片中丰富的多种模态的信息，从而理解场景文字的具体含义（如瓶子上最显著的文字通常是品牌名），Gao 等提出了 MM-GNN。如图 3-13 所示，MM-GNN 首先构建三个子图，分别为：视觉子图、语义子图和数字子图，之后通过构建三种聚合器来引导信息从一个子图传递到另一个子图，进而充分利用不同模态的上下文信息。MM-GNN 将数字作为特殊的文字单独处理，从而在与数字相关的问题上取得更好的效果。

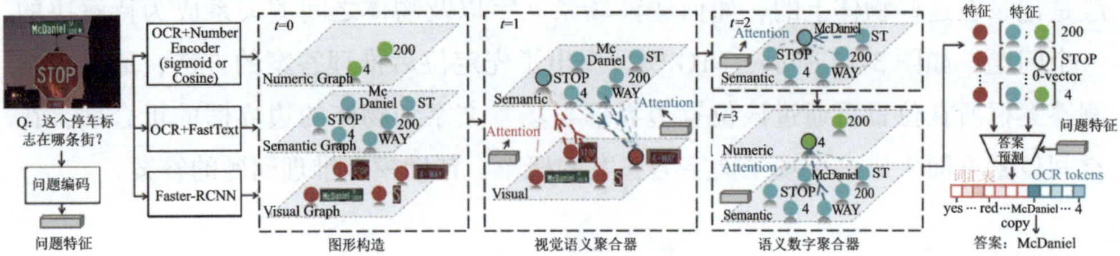

图 3-13　MM-GNN 模型的总体框架

（2）模型缺陷。MM-GNN 虽然采用图结构进行信息传递，但是还是简单的图注意力机制，单独将不同模态信息进行两两信息传递仍然会存在 LoRRA 中的缺陷，这种局限性限制了模型的性能，毕竟物体与文字也在空间位置以及视觉特征上存在交互。虽然 MM-GNN 将数字作为特殊的文本对待，但是其仍然不能解决模型计数能力差的问题。

2. SMA

（1）模型设计。针对之前模型文本阅读能力差以及缺乏文字视觉推理能力的问题，Gao 等提出了 SMA 模型。如图 3-14 所示，SMA 首先使用结构图表示来编码对象-对象、对象-文本和文本-文本图像中出现的关系，然后设计一个多模态图注意网络来对其进行推理。最后，输出上述模块，由全局局部注意力应答模块处理，最终输出问题的答案。该模型能够充分利用文本和图像的互补性，提高在场景文字视觉问答任务上的性能。

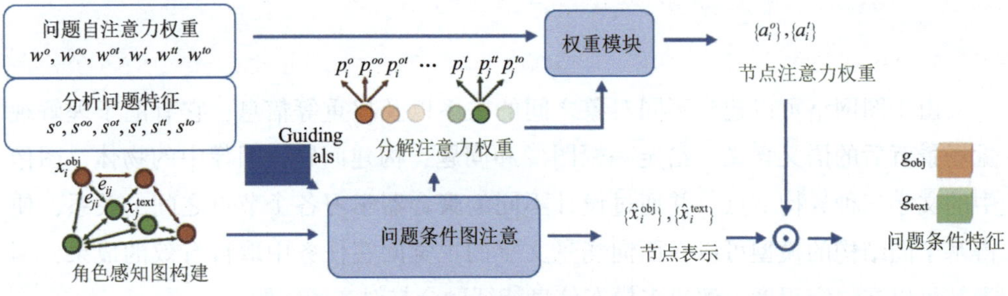

图 3-14　SMA 模型的总体框架

（2）模型缺陷。该模型存在两个缺陷：①该模型引入了结构化的多模态注意力机制，使得模型变得较为复杂，这可能增加了模型设计和训练的复杂性以及推理的计算成本；②虽然该模型提出了结构化的多模态注意力机制，但是这种机制的可解释性可能相对较弱，这意味着在理解模型如何达到特定答案时可能会存在一定的困难。

3. SA-M4C

（1）模型设计。由于自然场景中文字的绝对位置关系和相对位置关系对于回答与空间位置有关的问题以及对于场景文字之间联系的理解十分重要，Kant 等提出了 SA-M4C 模型。如图 3-15 所示，SA-M4C 为输入的场景文字及物体建立图模型，以便更好地建模问题和场景文字的关系以及问题和物体的关系，之后模型引入了空间感知的机制，即考虑图像中不同区域的空间位置关系，以更好地理解问题和图像之间的交互。这有助于提高模型对于场景文字空间位置关系的捕捉能力。

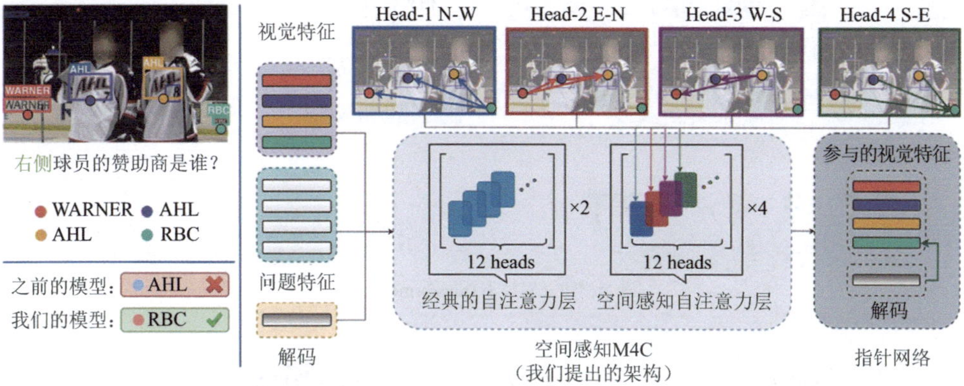

图 3-15　SA-M4C 模型的总体框架

（2）模型缺陷。尽管 SA-M4C 使用了图结构来建模不同模态的输入信息以及设计模块建模问题和场景文字以及物体之间的关系，并根据不同场景文字之间的位置关系使用特定的注意力头单独处理不同关系的场景文字，这种根据位置每对场景文字硬性划分的方式可能对多个场景文字之间复杂的关系建模带来影响，并且其局限于场景文字间的相对位置关系而忽略了其全局位置关系。

3.2.3　针对预训练任务的场景文字视觉问答模型

1. TAP

（1）模型设计。Yang 等提出了文字相关文本感知的预训练任务（textawarepre-training，TAP）模型，这是第一个专门为面向场景文字的视觉问答任务设计的预训练模型。对比于传统的预训练模型，TAP 在预训练任务中明确加入了针对场景文字的任务，可以更好地捕获场景文字和物体以及问题之间的关系。如图 3-16 所示，TAP 首先将问题、物体类别文字信息、OCR 识别出的文字信息拼接，再在其上进行掩码语言模型的训练（mask language modeling，MLM）任务。对于第一个解码的特征 p_0，用其作为图文匹配（image-text matching，ITM）预训练任务的输入，针对于面向场景文字的视觉问答任务本身，TAP 设计了相对位置预测（relative position prediction）预训练任务，用来预测物体区域与 OCR 系统识别到的文字区域的相对位置关系，其中两个区域的相对位置关系包含 12 种，分别为：上、下、左、右、左上、左下、右上、右下、包含、被包含、重叠、同一区域。

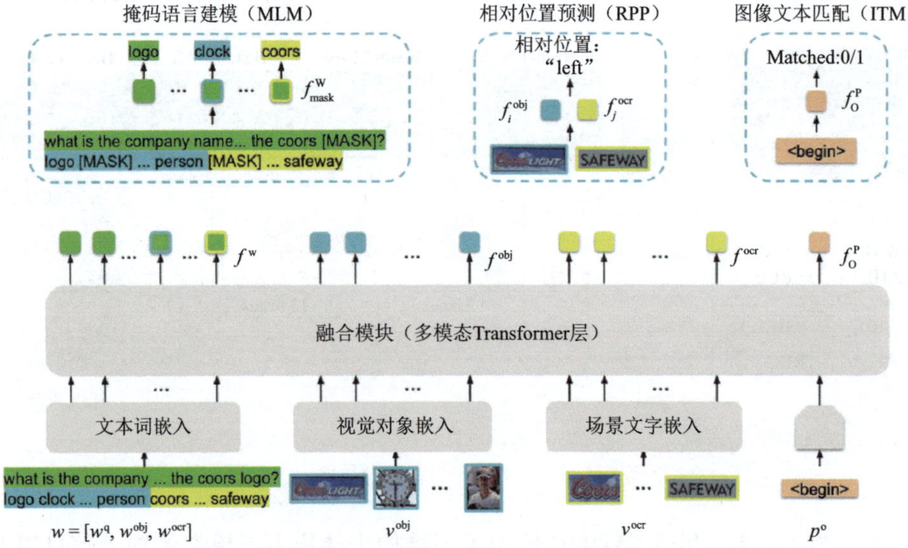

图 3-16　TAP 模型的总体框架

（2）模型缺陷。即使 TAP 证明了通过其设计的预训练任务，模型的性能可以得到极大的提升，但是相对于掩码语言模型预训练任务和图文匹配预训练任务，其提出的相对位置预测预训练任务带来的性能提升并不明显，准确率仅仅提升了 0. 9 个百分点，而前两个任务使得准确率提升了 4. 53 个百分点，通过进一步实验发现，将相对位置预测预训练任务中的 12 种位置关系预测降低到两种（重叠或不重叠），准确率仅下降 0. 4 个百分点，这证明 TAP 的成功绝大多数源于传统的预训练任务，针对面向场景文字的视觉问答任务的预训练任务设计还需进一步探索。

2. Latr

（1）模型设计。由于位置信息对于场景文字的理解具有十分重要的意义，而 TAP 简单地预测不同区域之间的位置关系效果不是很显著，Biten 等提出了 LaTr 模型。如图 3-17 所示，该模型提出了一个二维位置编码嵌入表用来表示文字在图片中的布局信息，并设计了一个针对于位置信息的预训练任务，该预训练任务只输入文本信息以及二维位置编码嵌入表中的位置信息，通过改进掩码语言模型的训练任务，即在掩码词处加入二维位置编码嵌入表中的位置信息，即通过位置信息为输入，预测该词。这种设计使得模型更加关注不同区域的位置信息的空间关系以及通过空间关系进行关联上下文。由于该预训练任务只需要输入文字及位置，所以可以在极易获取的电子扫描文档收集预训练所需数据，并且该模型采用 T5 模型作为基线（baseline），使得预测出的词不仅仅像其他模型一样局限于固定的词典以及识别出的 OCR，从而更好地处理词典之外的词（out of vocabulary，OOV）的问题。

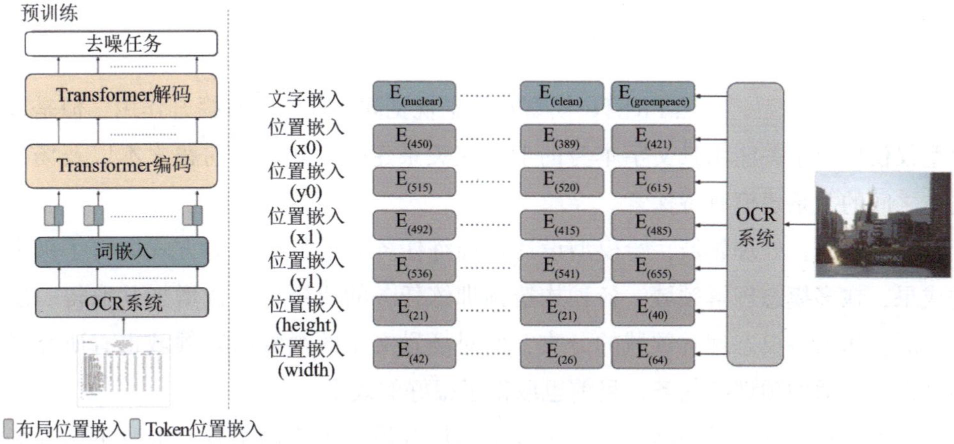

图 3-17　LaTr 模型的总体框架

（2）模型缺陷。该模型的主要缺陷是模型采用 T5 需要大量的计算资源 8 卡 A100 进行训练，而且性能的提升很大一部分是由 T5 本身带来的，通过仅仅输入位置信息来预测该位置的词的思路不太可靠，因为相邻位置的词其实并不一定具有关联性，该模型有效可能来自见到了极大量的训练数据（TextVQA 本身只有 28 408 张图，而电子扫描文档数据集含有 64 000 000 张图），在本书中并未做只输入掩码从而预测该位置词的消融实验，而且在该模型在预训练中只关注文字，缺乏对图片中视觉信息的有效使用，在输入中添加或不添加视觉信息对模型的性能影响不大，这证明该模型不需要看图也能回答出答案，这显然是不合理的。

3. PreSTU

（1）模型设计。视觉和语言模型通常缺乏识别和推理嵌入在视觉输入中的文本的能力，这可能是因为视觉和语言模预训练模型通常未能在其训练目标中包含这种能力。因此 Kil 等提出了 PreSTU 模型，它是一种致力于场景文本理解（STU）的新型预训练模型。如图 3-18 所示，PreSTU 引入了场景文字感知预训练目标，鼓励模型识别图像中的文本并将其与图像内容的其余部分连接起来。具体来讲，它将输入模型中的场景文字截断，然后让模型根据上下文预测截断位置之后的场景文字，以达到学习场景文字上下文关联的效果。

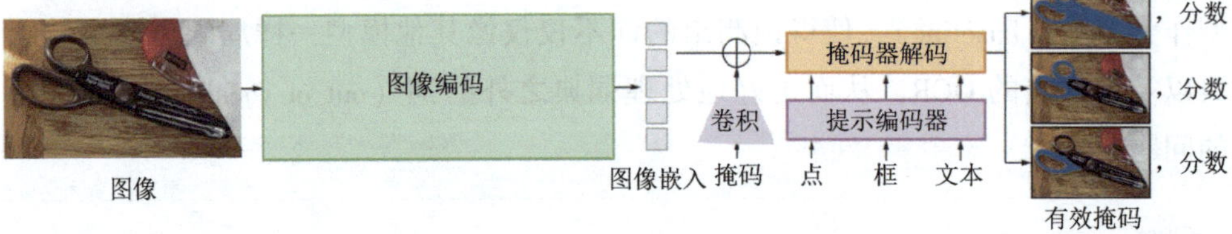

图 3-18 PreSTU 模型的总体框架

（2）模型缺陷：虽然 PreSTU 模型对场景视觉问答任务性有提升作用，但是该模型仅仅局限于关注场景文字本身的上下文关系建模，其对于问题文本以及场景文本之间的关系建模有待探索。

在自然语言处理领域，给模型设计预训练任务并进行微调的方式取得了极大的成果，在多模态理解领域，各种构造预训练任务的成果也日益增加并取得一定的进展，作为多模态理解领域的分支，面对场景文字的视觉问答领域也有研究者为其设计合适的预训练任务，目前也取得了很好的效果。

以上三种模型从模型结构设计和预训练任务设计等方面出发，解决了部分场景文字视觉问答任务存在的问题，但是其仍未考虑到场景文字的语义信息、场景文字间的语义信息以及场景文字的聚类信息能够有效地帮助模型推理相关问题的答案，因此本书的工作主要围绕这几点进行展开。

3.2.4 基于数据增强的场景文字视觉问答方法

尽管目前的模型在结构和模块设计上取得了一定的进步，但是由于场景文本视觉问答需要模型具有很强的推理能力及场景文本与视觉信息的理解能力，目前模型的性能极大程度上受限于没有充足的大规模人类标注的场景图片、问题及对应答案数据。以 TAG 模型为例。

（1）模型设计。为了获得更多的场景文本视觉问答的训练数据，TAG 发现目前存在的 TextVQA 及 ST-VQA 数据集中有很多信息没有被充分利用，仅仅只有一小部分文本信息参与了问题及答案对的组成。这导致有用信息的极大浪费，基于这个问题，TAG 设计了一种文本知识感知的视觉问答生成框架，它通过多模态 Transformer 生成准确的问题答案样本对，如图 3-19 所示。该方法有效地扩大了数据集的规模，在一定程度上解决了数据缺乏的问题。

（2）模型缺陷。TAG 虽然在问题答案样本对上进行了数据规模的扩充，但是方法缺少了对场景图片的扩充，仅仅针对图片中的问题答案对进行变换扩充，使得生成的数据中视觉信息局限于目前的场景图片，生成的数据不够丰富。

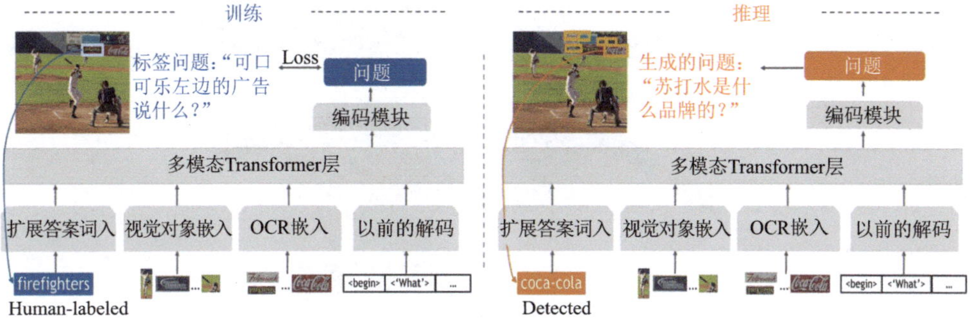

图 3-19　TAG 模型的总体框架

3.3　场景文字视觉问答技术的数据集和评测指标

3.3.1　主要数据集

面向场景文字的视觉问答主要包含两个数据集：TextVQA 和 STVQA 数据集。

TextVQA 包含 28 408 张从 Open Images 数据集中挑选的倾向于包含文字类别（如广告牌、交通指示牌、白板等）的图片，并构造了 45 336 个相关的问题，其中训练集包含 21 953 张图片和 34 602 个问题，验证集包含 3 166 张图片和 5 000 个问题，测试集包含 3 289 张图片和 5 734 个问题，以准确率作为评测指标。每一个问题都要求模型阅读并推理图中的文本才能回答正确。这使得模型需要判断哪一个文本与问题相关、识别到的文本是否能直接作为问题答案（如微波炉被设置为多少摄氏度？）或者需要模型去推理识别到的文本进行回答（如哪一支球队赢了比赛？）。

图 3-20 显示了问题中前四个单词的旭日图。可以观察到，大多数问题都涉及对常见事物的推理（如找出品牌名称、城市和温度）。问题通常以“什么”开始，经常询问“时间”“名称”“品牌”“作者”。

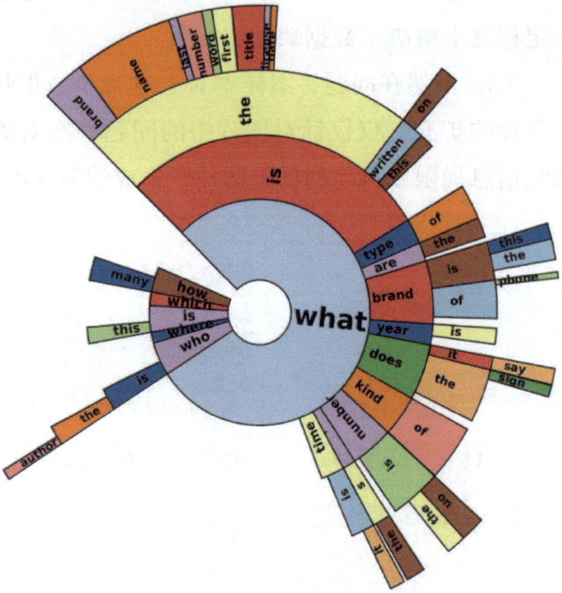

图 3-20　TextVQA 数据集问题前四个词分布图

TextVQA 中总共有 26 263（49.2%）个唯一的多数答案。与 VQA 2.0（3.4%）和 VizWiz（22.8%）相比，TextVQA 中唯一答案的百分比相当高。所有 10 名注释者都同意 22.8% 问题的最常见答案，而 3 名或更多注释者 97.9% 问题的最常见答案达成一致。

图 3-21 显示了数据集中大多数答案的词云图。答案空间多种多样，涉及品牌名称、城市、人名、时间和国家。这种多样性使得很难拥有固定的答案空间——这是大多数现有 VQA 数据集通常不会带来的挑战。最常见的答案（“是”）仅占数据集的 4.71%，而“是/否”（多数答案）问题总共仅占数据集的 5.55%。平均答案长度为 1.58。在少数情况下，图像中的文本很长（如引用或段落），答案长度也很长。

（a）　　　　　　　　（b）

图 3-21　TextVQA 中大多数答案的词云图

ST-VQA 数据集包含 23 038 张图片，从 ICDAR 2013、ICDAR 2015、ImageNet、VizWiz、IIIT Scene Text Retrieval、Visual Genome 和 COCO-Text 中获取，构造了 31 791 对问题-答案对，其中训练集包含 19 027 张图和 26 308 个问题，测试集包含 2 993 张图和 4 163 个问题。

为了进一步探索数据集的统计数据，图 3-22 直观地展示了 ST-VQA 问题的形成方式。ST-VQA 数据集的问题从“什么、哪里、哪个、如何和谁”开始。考虑到任务的性质，正如预期的那样，相当一部分人从“什么”问题开始。然而，需要认识到的一个关键点是，这些问题并没有明确询问场景中出现的特定文本；相反，它们的制定方式需要具有一定的先验知识/经验。例如，一些“什么”问题询问品牌、网站、名称、公交车号码等，这需要对品牌或网站是什么有一些明确的了解。

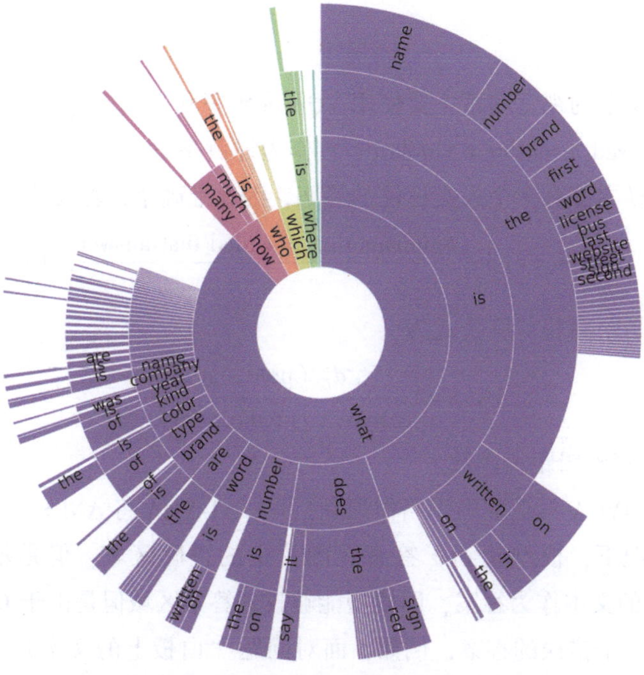

图 3-22　ST-VQA 数据集问题前四个词分布图

人们付出了很多努力来处理数据集中的语言先验。数据集中存在语言先验的原因之一是数据集中答案的分布不均匀。在 VQA v1 中，由于数据集是由 MSCOCO 的图像形成的，因此“什么运动……”问题的答案是网球和棒球，超过 50%。另一个例子是“是否有……”的问题，超过 70% 的情况的答案是“是”。ST-VQA 数据集的答案遵循统一分布，降低了语言先验的风险，同时拥有大量答案词汇。

从图 3-23 中可以看出，除了“符号”和“年份”问题之外，该数据集的答案遵循统一分布，降低了语言先验的风险，同时拥有大量答案词汇。

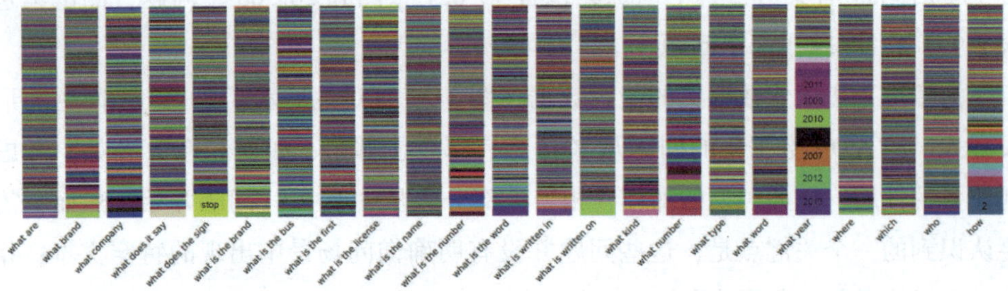

图 3-23　ST-VQA 训练集中不同类型问题的答案分布

3.3.2　评测指标

面向场景文字的视觉问答主要使用 VQA 准确率和平均归一化编辑距离相似度（average normalized levenshtein similarity）作为评测指标。由于场景文字视觉问答数据集中每个样本都有十个人类标注的答案，因此准确率计算公式为

$$\text{Accuracy}=\min\left(\frac{\#\text{humans that provided that answer}}{3},\ 1\right) \tag{3-1}$$

平均归一化编辑距离相似度公式为

$$\text{ANLS}=1-\frac{d_L\ (\text{pred},\ \text{gt})}{\max\ (|\text{pred}|,\ |\text{gt}|)} \tag{3-2}$$

其中 d_L 代表计算编辑距离函数。

不同于 TextVQA 只把准确率当作评判指标，ST-VQA 将 ANLS 当作评判指标是针对在某些情况下，模型找到了答案在图片中的正确区域，但是把该区域经过 OCR 识别错误的文本作为答案，即模型能够找到答案区域但是由于 OCR 系统的原因，给出的是一个错误的答案，例如，面对问题“白板上的文字是什么?”，模型找到了白板上文本所在区域，但是由于 OCR 识别错误，将正确的词“apple”识别成了“apqle”，从而输出 apqle 这个错误答案，使用 ANLS 即可忽略 OCR 引入的错误，能够更加直观地体现模型的推理能力。

小　　结

本章阐述了场景文字视觉问答技术的发展现状，包括关键的深度学习模型如 Faster R-CNN、ViT、BERT 等，探讨了不同技术路线的优缺点，并介绍了主要数据集 TextVQA 和 ST-VQA 及其评测指标。这些研究推动了模型对场景文字的理解和推理能力，为多模态智能系统的发展提供了重要基础。

第 4 章 以场景文本语义为中心的场景文字视觉问答模型

传统的场景文字视觉问答模型采用了视觉问答模型的基本模型框架，模型无法理解场景图片中不同文字的语义含义，也无法区分不同场景文字的语义差异，这进一步导致了模型性能受限于场景文字检测识别模型的准确率，同时使得模型受限于数据集产生的语言偏置问题。针对上述问题，本章提出以场景文本语义为中心的场景文字视觉问答方法，首先该方法提出了一种以文字语义为中心的网络结构，使得模型在推理的过程中更加关注场景文字的语义信息，更加符合场景文字视觉问答任务以文字为中心的出发点；其次，该方法提出了基于对比学习的答案语义预测模块，使得答案的最终生成过程考虑到答案的语义信息，从而增强模型对于场景文字的语义理解和区分能力。实验结果表明，本章方法在两个常见的数据集上较基线模型有明显的性能提升，达到了当时最好的效果。本章分别从研究动机、整体方法、实验结果分析等方面对所提模型进行详细介绍。

4.1 场景文本语义理解的挑战与机遇

以往的研究主要集中扩展和修改视觉问答模型使得其可以适用于场景文字视觉问答任务，例如，LoRRA 通过外部光学字符识别（OCR）模块扩展了之前的视觉问答模型，并使用复制机制构建包含光学字符识别文字的动态词汇表。M4C 丰富了光学字符识别文本的表示，并利用多模态 Transformer 将每种模态（问题、光学字符识别文本和物体）中的所有实体投影到联合嵌入空间。尽管这些方法已经取得了显著的进步，但仍然存在许多挑战。

一方面，基于场景文字视觉问答任务的答案是从由训练集中提取的高频词组成的固定词汇表和由图像中的场景文本组成的动态词汇表中按概率选择并迭代生成的。每次迭代中的答案解码通常被建模为 M 个高频词和 N 个场景文本串联的分类问题。为了覆盖更多的候选答案词，预先定义的固定词汇表通常相当大。例如，在 M4C 中的 TextVQA 数据集上，M 设置为 5 000。然而，M 加 N 的搜索空间太大，导致模型很难找到正确的单词，尤其是在训练数据有限的情况下。由于固定词汇中的答案存在长尾分布，而尾部的单词往往很难学习。如图 4-1（a）所示，模型简单地选择单词“dell”作为答案，因为它经常与问题中的“brand”和“laptop”一起出现，而模型受限于训练数据集的数据规模以及数据分布，倾向于直接选择与问题文本中高频共现的词直接作为答案，而无视场景图中的具体内容。这体现了当前模型无法从语义的角度去分辨答案是否和问题文本以及场景图中的场景文字语义合理，即其缺乏对于文字的含义的理解能力。

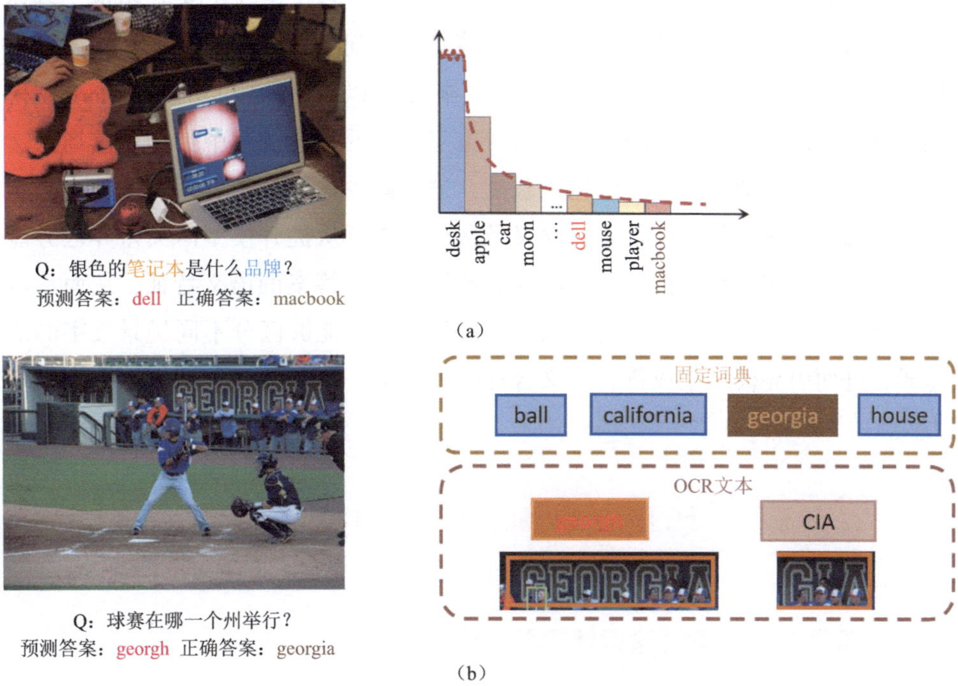

图 4-1　场景文字视觉问答中挑战

另一方面，对于答案从包含场景文字的动态词汇表中复制答案，其准确率在很大程度上取决于外部 OCR 模块的性能。例如，在图 4-1（b）中，当外部 OCR 模块检测到答案文本（“georgia”）但识别错误（“georgh”）时，由于缺乏场景文字的语义理解能力与语义区分能力，即使正确答案文本（“georgia”）存在于固定词汇中，模型仍然倾向于复制错误的识别结果（“georgh”）作为最终答案。因为模型无法判断“georgia”和“georgh”有什么语义区别，而错误的识别结果（“georgh”）所在区域又是正确的，模型会直接复制该区域的文本作为答案，而忽略其语义合理性。这体现了当前的模型无法从语义的角度去分辨不同场景文字之间语义的差异，模型的性能才容易受到光学字符检测性能的影响，即其缺乏对文字语义差异的区分能力。

事实上，与一般的视觉问答任务和文本识别任务相比，场景文字视觉问答任务是一个更加注重场景文字语义的任务。然而，之前的工作对场景中的文字语义缺乏重视。因此，模型不具备场景文字语义理解及区分能力，从而导致上述问题。

因此，本章提出了一种新颖的以语义为中心的网络（SC-Net），它由以语义为中心的 Transformer 模块（SCT）和实例级对比语义预测模块（ICSP）组成。具体而言，针对将自然场景中的文字及物体平等对待的问题，本章从模型结构设计出发提升模型对于场景文字语义的理解能力，提出的以语义为中心的 Transformer 模块能够有效地使得模型在推理与自然场景文字有关的问题过程中更加注重场景文字信息，同时有效地缩短模型的输入长度，进而减少计算开销。针对当前方法不重视自然场景中文字的语义信息的含义及区分，本章从提升模型语义差异区分能力出发，提出的实例级对比语义预测模块能够先预测答案的语义特征，从而从语义的角度理解自然场景中文字的语义含义，使得模型能够区分不同场景文字的语义差异，进而引导模型生成符合语义合理性的答案，提升模型的理解能力及推理能力。

4.2 场景文字视觉问答的模型结构创新

4.2.1 场景文字模型结构设计相关工作

在探索场景文字视觉问答任务模型结构设计的工作中，CRN 模型提出了层层递进式的多模态融合网络，明确地分别建模了不同模态之间的联系。SSBase-line 提出了使用注意力机制将问题文本、场景文字以及场景中的物体特征进行压缩，从而降低计算复杂度。MM-GNN 虽然采用图结构进行信息传递，但还是简单的图注意力机制，这种局限性限制了模型的性能，毕竟物体与文字也在空间位置以及视觉特征上存在交互。SA-M4C 使用了图结构，并使用特定的注意力头单独处理不同关系的场景文字，可能对多个场景文字之间复杂的关系建模带来影响，并且其局限于场景文字间的相对位置关系而忽略了其全局位置关系。

4.2.2　证据引导的答案生成模块相关工作

基于证据的视觉问答模型（evidence-based VQA）提出使用不同文本间的交并比（IOU）来作为模型预测答案的证据，从而引导场景文本相关问题的答案生成过程。

关注答案位置预测的网络模型（LaAP-Net）设计了一个答案位置预测器，其作用是在模型生成答案的过程中预测答案在场景图片中的区域位置当作答案的证据，从而从空间位置的角度加强答案的可信度。其提出的 COR 模块使用物体与 OCR 识别的文字的空间位置关系引导物体与 OCR 识别的文字的特征进行融合。使其成为主要关注场景文字和物体空间位置的网络。但是坐标信息作为答案生成的指导信息，所使用的答案空间位置无法与问题及场景文字交互，所生成的答案不会考虑语义合理性，因为空间信息其实与文本语义信息没有直接的联系，COR 结构也增加了模型的复杂度以及计算需求。

相比之下，本章提出的方法以文字语义为中心，从语义的角度预测答案的语义信息来指导答案生成过程，使得模型的答案预测过程更加注重问题、场景文字以及答案的语义交互，使得答案从语义角度更具备合理性。

4.3　以场景文本语义为中心的模型

本章提出的以场景文本语义为中心的模型框架如图 4-2 所示，它由三个主要部分组成：多模态特征提取模块、以场景文本语义为中心的 Transformer 模块以及实例级别的对比学习语义预测模块。

其中，多模态特征提取模块分别提取问题、文本及物体的视觉特征、文本及物体的语义特征；以场景文本语义为中心的 Transformer 模块将物体信息作为辅助信息用来增强场景文本的视觉信息以及语义信息，再将场景文本的视觉信息通过与一个可学习的权重点乘后，作为辅助信息用来增强场景文本的语义信息；实例级别的对比学习语义预测模块使用问题和场景文本的全局信息来预测答案的语义信息，通过对比学习损失函数，从语义的角度使得预测的答案语义远离非答案文本的语义同时靠近答案文本的语义，之后使用该预测语义特征指导相关问题的答案生成。

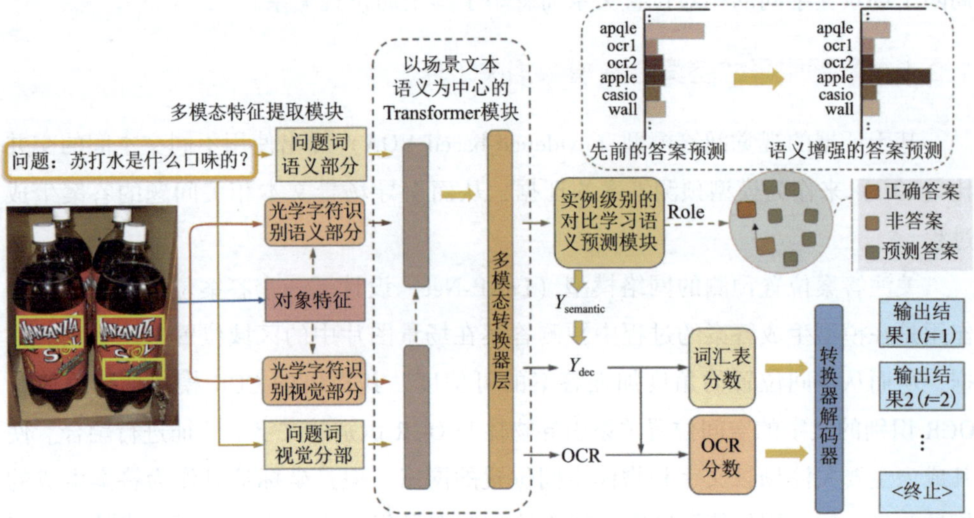

图 4-2 以场景文本语义为中心的模型框架

4.3.1 多模态特征提取模块

1. 问题文本特征

参照 M4C 模型，本章使用一个三层的 BERT 模型来获取输入问题文本的特征嵌入，使用 $Q=\{q_i\}_{i=1}^{L}$ 表示，其中 $q_i \in \mathbf{R}^d$ 是第 i 个问题文本的特征嵌入，L 代表问题的长度，d 代表特征的维度。为了对其输入信息的视觉信息和语义信息，本模块使用两个单独的自注意力层来获取 Q_v 和 Q_s，分别注重输入信息的视觉信息分支以及语义信息分支相关问题。

2. 场景文字特征

对于在自然场景中被光学字符识别系统识别到的每一个文字，该模块使用四种不同的特征表示并且采用互补的方式将其分为视觉信息分支以及语义信息分支。

$$\begin{cases} x_i^{\mathrm{ocr},v} = \mathrm{LN}(W_{\mathrm{fr}} x_i^{\mathrm{ocr,fr}}) + \mathrm{LN}(W_{\mathrm{bx}} x_i^{\mathrm{ocr,bx}}) \\ x_i^{\mathrm{ocr},s} = \mathrm{LN}(W_{\mathrm{ft}} x_i^{\mathrm{ocr,ft}} + W_{\mathrm{ph}} x_i^{\mathrm{ocr,ph}}) + \mathrm{LN}(W_{\mathrm{bx}} x_i^{\mathrm{ocr,bx}}) \\ x_i^{\mathrm{ocr,iou}} = W_{\mathrm{iou}} \mathrm{IoU}(x_i^{\mathrm{ocr,bx}}) \end{cases} \tag{4-1}$$

其中，$x_i^{\mathrm{ocr},v}$ 是自然场景文字视觉分支的特征；$x_i^{\mathrm{ocr},s}$ 是自然场景文字语义分支的特征。自然场景文字的视觉分支由两个部分组成：①由预训练好的 Faster R-CNN 模型的第六层全连接层提取的视觉外观特征 $x_i^{ocr,fr}$；②自然场景文字的边界框特征 $x_i^{ocr,bx} = \left(\frac{x_i^{min}}{W}, \frac{y_i^{min}}{H}, \frac{x_i^{max}}{W}, \frac{y_i^{max}}{H}\right)$。自然场景文字的语义分支特征由以下三部分组成：①由 FastText 模型提取的特征 $x_i^{ocr,ft}$；②由 PHOC 模型提取的特征 $x_i^{ocr,ph}$；③自然场景文字的边界框特征 $x_i^{ocr,bx}$。LN 代表层归一化函数（Layer Normalization），IoU 代表计算 $x_i^{ocr,bx}$ 与图像中其他文本和物体区域的交并比。

由此获取到了自然场景中的场景文字的视觉特征、语义特征和场景文字之间以及场景文字和物体的空间关系特征。

3. 物体特征

为了获取物体区域的特征，该模块使用与自然场景文字视觉分支特征相同的 Faster R-CNN 模型提取物体的视觉特征。

$$\begin{cases} x_i^{obj} = \mathrm{LN}(W'_{fr} x_i^{obj,fr}) + \mathrm{LN}(W'_{bx} x_i^{obj,bx}) \\ x_i^{obj,iou} = W'_{iou} \mathrm{IoU}(x_i^{obj,bx}) \end{cases} \tag{4-2}$$

其中，$x_i^{obj,fr}$ 是物体的视觉外观特征，$x_i^{obj,bx}$ 是物体的边界框特征；IoU 代表计算 $x_i^{obj,bx}$ 与图像中其他文本和物体区域的交并比。

由此获取到了自然场景中的物体的视觉特征和物体之间以及物体和场景文字的空间关系特征。

4.3.2　以语义为中心的 Transformer 模块

当前的工作无区别对待场景文字视觉信息、场景文字语义信息以及物体信息，忽略了场景文字视觉问答中场景文字和物体的不同作用。为了符合面向场景文字的视觉问答任务以场景文字为中心的特质，同时符合场景视觉文本问答任务的出发点：使得模型能够回答自然场景图片中与文本相关的问题，最终达到提升模型对场景文字的语义的理解能力以及场景文字间语义的差异区分能力，本章自然而然地提出场景文字视觉问答模型的模型网络结构应该以文本语义为中心，因此提出以语义为中心的 Transformer 模块来专门对语义特征进行建模。

与之前的工作无区别对待场景文字视觉信息、场景文字语义信息以及物体信息不同，该模块将图片中的物体作为辅助信息用来增强场景文字的视觉信息以及语义信息，此过程主要包含以下两个步骤：

（1）使用物体的特征加强场景文字的特征。

（2）使用场景文字的视觉特征对场景文字的语义特征进行增强。

为了更加精确地学习到有助于识别不同场景文字的物体信息，本章使用场景文字的边界框与物体的边界框的交并比，作为注意力机制中的查询向量和键向量，使用物体的特征作为注意力机制中的值向量，从而使得物体的特征信息可以根据其与场景文字的空间关系自适应地加强场景文字特征的视觉分支和语义分支。

以语义为中心的 Transformer 模块如图 4-3 所示，该模块的输入公式为

$$\begin{cases} x^{\text{ocr},v_e} = \text{att}(x^{\text{ocr,iou}}, x^{\text{obj,iou}}, x^{\text{obj}}) + x^{\text{ocr},v} \\ x^{\text{ocr},s_e} = \text{att}(x^{\text{ocr,iou}}, x^{\text{obj,iou}}, x^{\text{obj}}) + x^{\text{ocr},s} \\ \text{input}^v = [Q_v, x^{\text{ocr},v_e}] \\ \text{input}^s = [Q_s, x^{\text{ocr},s_e}] \end{cases} \tag{4-3}$$

其中，[,]代表特征拼接操作；att 代表注意力机制函数。

如图 4-3 所示，输入被分为视觉特征分支以及语义特征分支被单独地建模处理。因为交并比蕴含不同区域的空间关系，所以本章使用场景文字和物体的交并比信息作为注意力机制的查询向量以及键向量以指导物体特征与场景文字特征的融合。

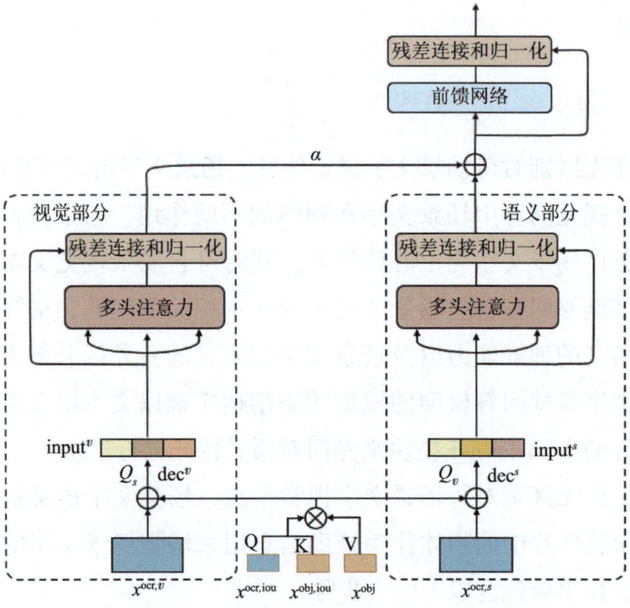

图 4-3　语义为中心的 transformer 结构图

由于在答案的推理过程中语义信息的贡献更大，所以输入的视觉特征分支作为辅助信息用来增强语义特征分支。本书按以下方式融合视觉特征分支和语义特征分支：

$$\begin{cases}\text{output}^s = \text{att}(\text{input}^s, \text{input}^s, \text{input}^s) \\ \text{output}^v = \text{att}(\text{input}^v, \text{input}^v, \text{input}^v) \\ z^{\text{fuse}} = \text{output}^s + \alpha \cdot \text{output}^v\end{cases} \tag{4-4}$$

其中，output^s 和 output^v 分别代表语义分支的输入以及视觉分支的输出；α 是一个在训练过程中可学习的参数。

按照这种方式，模型可以自适应地调整语义特征和视觉特征的比例，从而充分利用多模态信息的优势。z^{fuse} 经过语义分支后的前馈层作为以语义为中心的 Transformer 模块最终的输出。

4.3.3　实例级别的语义对比学习预测模块

由于场景文字视觉问答任务巨大的分类答案空间，如果没有额外的证据信息指导答案的生成或者大量的数据支撑，场景文字视觉问答模型很容易被数据集中的语偏置影响。所以本书提出实例级别的语义对比学习预测模块，先通过全局的语义信息来预测答案的语义特征，之后与原本的解码特征嵌入融合以达到指导答案生成的作用。

为了预测答案的语义信息，本章使用特殊标记［CLS］对应位置的 Transformer 的输出作为实例级别的语义对比学习预测模块的输入，因为它包含输入嵌入特征的全局信息。本书使用一个两层的多层感知机将［CLS］输出投影到与答案的 FastText 嵌入相同的维度，即

$$\text{ans}^{\text{se}} = W_1 * (W_2 * [\text{CLS}]^{\text{output}} + \text{bias}_2) + \text{bias}_1 \tag{4-5}$$

其中，W_1，W_2，bias_1，bias_2 分别是多层感知机的权重和偏置矩阵。然后将预测的答案语义信息嵌入并添加到解码器输出中，以生成最终语义增强的答案表示 z^{ans}，该过程如下所示：

$$z^{\text{ans}} = y^{\text{dec}} + \alpha^{\text{se}} \circ (W^{\text{se}} * \text{ans}^{\text{se}} + \text{bias}^{\text{se}}) \tag{4-6}$$

其中，α^{se} 是一个可学习的比例参数；y^{dec} 为解码器的输出特征。对于场景文字的分数，本书计算每个场景文字特 z_n^{ocr} 和最终答案的特征的相似度 $s_n^{\text{ocr}}(n = 1,2,\cdots,N)$，其中 N 是场景文字的数量。对于固定的答案词汇表的分数，答案特征被输入一个分类器，以输出 $s_m^{\text{voc}}(m = 1,2,\cdots,M)$，其中 M 是固定词汇表的大小。这个过程

如下：

$$\begin{cases} s_n^{\text{ocr}} = (W^{\text{ans}} * z^{\text{ans}} + \text{bias}^{\text{ans}})(W^{\text{ocr}} * z_n^{\text{ocr}} + \text{bias}^{\text{ocr}})^{\text{T}} \\ s_m^{\text{voc}} = W^{\text{voc}} * z^{\text{ans}} + \text{bias}^{\text{voc}} \end{cases} \tag{4-7}$$

其中，W^{ans}，W^{ocr}，W^{voc}，bias^{ans}，bias^{ocr}，bias^{voc} 是线性投影层的参数。最终的预测答案是固定词汇表分数和场景文字分数合并后的最大分数对应的文本 $\max[s_n^{\text{ocr}}, s_m^{\text{voc}}]$。

使用这种显式语义指导有两个优点。首先，预测的全局答案语义嵌入特征与原本解码特征融合，使解码器不仅需要考虑局部解码信息，而且还要考虑全局语义信息，从而产生更准确的结果。其次，使用预训练的 FastText 模型提供对外部语言知识的监督，使该模型能够获得在答案空间中区分不同单词含义的能力。

此外，为了获得具有判别性的答案语义嵌入特征，本书的实例级别的语义对比学习预测模块采用了一种实例级别对比的方法，将预测性答案语义嵌入特征与真实答案嵌入特征拉近，而将其他文本的语义嵌入特征推得更远。它有助于获得语义上更合理的答案，从而减轻由光学字符识别系统识别错误的场景文字带来的影响。

4.3.4 训练损失

1. 二元交叉熵损失

考虑到答案可能来由训练集高频词组成的固定词汇表或者样本中识别到的场景文字组成的动态词表，本章方法采用了多标签二元交叉熵损失（BCE）进行模型的训练。

$$\begin{cases} \text{pred} = \dfrac{1}{1 + \exp(-y_{\text{pred}})} \\ L_{\text{bce}} = -y_{\text{gt}} \log(\text{pred}) - (1 - y_{\text{gt}}) \lg(1 - \text{pred}) \end{cases} \tag{4-8}$$

其中，y_{pred} 是预测值；y_{gt} 是真实答案标签。

2. 实例级别对比学习损失

为了得到一个更好的预测答案的语义嵌入，本书使用实例级对比学习损失来评估一个答案的预测语义嵌入特征 $\text{pred}_{\text{semantic}}$ 语义与固定词汇表和场景文字中所有单词的 FastText 嵌入 S 的相似度：

$$\begin{cases} L_S = -\displaystyle\sum_{i=1}^{K} \lg \frac{\displaystyle\sum_{j=1}^{M+N} \exp(S_{i,j}^T \text{pred}_{\text{semantic}} / \tau) * y_{\text{gt}}}{\displaystyle\sum_{j=1}^{M+N} \exp(S_{i,j}^T \text{pred}_{\text{semantic}} / \tau) * (1 - y_{\text{gt}})} \\ L_{\text{final}} = L_{\text{bce}} + \alpha_{\text{semantic}} L_S \end{cases} \tag{4-9}$$

式中，K 是批样本数量；M 是固定词汇表的大小；N 是场景文字的数量；τ是温度系数；S 和 $\mathrm{pred}_{\mathrm{semantic}}$ 在特征维度上归一化；$\alpha_{\mathrm{semantic}}$ 是一个超参数，用于控制 L_S 和 L_{BCE} 之间的取舍。真实答案标签与二元交叉熵损失中的 y_{gt} 相同。

结合这两个模块，使得模型可以具备从字典中推理出更符合问题的候选答案，以及分辨错拼词然后从字典中选取正确的词纠正的能力。

4.4　实验结果与分析

本节首先介绍本章方法的实验设置及实验细节，之后将本章方法和基线模型 M4C 以及当前最先进的方法在 TextVQA 数据集上进行对比。在 TextVQA 数据集上进行的大量的消融实验证明了本方法所提出模块的有效性。之后在 ST-VQA 数据集上将本方法与当前最先进的方法进行对比，最后为了更加直观地检验该方法的有效性，提供在 TextVQA 数据集上对比于基线方法的可视化分析。

4.4.1　实验设置

所有实验均基于 PyTorch 深度学习框架。SC-Net 由多模态特征提取模块、以语义为中心的 Transformer 模块和实例级别的语义对比学习预测模块组成。在模型训练期间，使用教师强制（teacher-forcing）方式迭代地预测和监督答案词。该实验设置将多标签 sigmoid 损失函数应用于固定的高频答案词汇分数和动态的场景文字复制分数串联组成的总词汇表。

为了公平比较，SC-Net 中的大部分设置与 M4C 中的相同。具体来说，TextVQA 数据集中的固定高频词汇由答案中最常见的 5 000 个单词组成。在表 4-1 和表 4-2 中分别列出了 SC-Net 的网络和优化参数。

表 4-1　以场景文本语义为中心的场景文字视觉问答方法的网络参数

网络参数	值	网络参数	值
问题文本最大长度	20	场景物体 Faster R-CNN 特征维度	2 048
场景文字最大长度	50	多种模态统一映射的特征维度	768
场景物体最大长度	100	语义为中心的 Transformer 层数	2
场景文字 FastText 特征维度	300	Transformer 层数	2
场景文字 POHC 特征维度	604	多头 Transformer 头数量	12
场景文字 Faster R-CNN 特征维度	2 048	最大输出答案长度	12

表 4-2 以场景文本语义为中心的场景文字视觉问答方法的超参数设置

优化参数	值	优化参数	值
优化器	Adam	Warm-up 比例系数	0.2
基础学习率	1×10^{-4}	批量大小	48
学习率衰减系数	0.1	最大轮数	48 000
Warm-up 轮数	1 000	学习率衰减所在轮数	28 000，38 000

4.4.2 消融实验

1. 在 TextVQA 数据集上的模块消融实验

为了评估本章提出的方法各个模块的有效性，这里首先在 TextVQA 数据集上进行消融实验。表 4-3 中的第 1 行是基线模型 M4C，它在 TextVQA 数据集的验证集和测试集分别达到 39.40% 和 39.01% 的准确率。从第 2 行可以发现，以语义为中心的 Transformer 模块使得基线模型在 TextVQA 数据集的测试集的准确率从 39.01% 提升到了 40.42%。从第 3 行可以发现，实例级别的语义对比学习预测模块在 TextVQA 数据集的测试集上比基线模型 M4C 的性能提高了 1.59 个百分点。这一结果充分证明了以语义为中心的 Transformer 模块和实例级别的语义对比学习预测模块的有效性。

表 4-3 在 TextVQA 数据集上的消融实验数据①

序号	模 型	OCR 系统	SCT	ICSP	验证集准确率/%	测试集准确率/%
1	M4C (baseline)	Rosetta-en	—	—	39.40	39.01
2	Ours (ablation)	Rosetta-en	√	—	40.69（提高 1.29 个百分点）	41.11（提高 2.10 个百分点）
3	Ours (ablation)	Rosetta-en		√	40.42（提高 1.02 个百分点）	40.60（提高 1.59 个百分点）
4	Ours	Rosetta-en	√	√	41.17（提高 1.77 个百分点）	41.42（提高 2.41 个百分点）
5	M4C (baseline)*	SBD-Trans	—	—	42.29	43.53
6	Ours	SBD-Trans	√	√	44.75（提高 2.46 个百分点）	45.65（提高 2.12 个百分点）

特别地，以语义为中心的 Transformer 模块使得基线模型的准确率从 39.01% 显著提高到 41.11%。这验证了以语义为中心的 Transformer 模块通过构建以自然场景文字语义为中心的网络结构可以帮助模型更加关注并理解自然场景中的语义含义，

① 表中加粗文字为相同条件下最优的性能结果。

更加符合自然场景文字视觉问答的出发点。

此外，同时使用以语义为中心的 Transformer 模块和实例级别的语义对比学习预测模块可以使基线模型在 TextVQA 数据集的验证集和测试集的准确度分别提高 1.77 个百分点和 2.41 个百分点。

为了与使用更准确的光学字符识别模块的其他方法进行比较，在表 4-3 第 5 行和第 6 行，将光学字符识别模块替换为准确率更高的 SBD-Trans 模块。在使用相同的更准确的光学字符识别模块情况下，该研究点提出的以场景文本语义为中心的场景文字视觉问答方法在 TextVQA 数据集的验证集和测试集上仍然实现了 2.46 个百分点和 2.12 个百分点的性能提升。

2. 在 TextVQA 数据集上的答案来源的消融实验

为了进一步验证本书提出的方法是否能通过在解码端生成答案的语义信息引导模型回答的答案符合语义合理性，从而解决当前场景文字视觉问答任务所存在的语言偏置和场景文字错误识别词无法区分其语义差异的问题，本书进一步做了消融实验（实验数据见表 4-4），以分析来自不同答案来源的性能变化。

表 4-4　在 TextVQA 数据集上的答案来源的消融实验数据

序号	模　型	字典准确率	OCR 准确率	验证集准确率
1	Baseline	13.48	25.92	39.40
2	Baseline + ICSP	14.52	25.90	40.42
3	Baseline + ICSP + SCT	15.15	26.02	41.17

对比表 4-4 第 1 行和第 2 行可知，实例级别的语义对比学习预测模块带来的性能提升主要来自高频固定字典当中，高频固定词汇表的答案准确率提高了 1.04 个百分点，而来自场景文字识别的动态词典的答案准确率几乎没有变化。这意味着实例级别的语义对比学习预测模块所生成的答案的语义特征，能够帮助模型提升对场景文字的理解能力以及对文本语义差异的区分能力，从而从语义的角度放弃场景文字识别错误的文字，转而选择高频固定词典中存在的正确答案文本，即通过预测的答案语义信息在字典中选择出符合问题及图片语义的词作为答案，从而缓解语言偏置和场景文字识别错误带来的问题。

在表 4-4 第 3 行中，借助以语义为中心的 Transformer 模块可以帮助模型在多模态表示和融合阶段产生的更好的多模态特征表示，实例级别的语义对比学习预测模块的能力在更好的多模态特征表示的帮助下得到了进一步的探索，模型在固定高频词汇表和动态场景文字词汇表的准确性均有提升。

这既表明在多模式融合阶段突出语义信息是合理和重要的，又证明了以语义为中心的 Transformer 模块和实例级别的语义对比学习预测模块的互补作用。

3. 以语义为中心的 Transformer 层数的消融实验

为了更深入地探索以语义为中心的 Transformer 模块的作用，首先在总层数为 4 的 Transformer 模型结构中探索不同层数的以语义为中心的 Transformer 模块对模型性能的影响。以语义为中心的 Transformer 层数的消融实验数据见表 4-5。

表 4-5　以语义为中心的 Transformer 层数的消融实验数据

序号	模　型	层　数	验证集准确率/%
1	M4C	—	39.40
2	M4C+SCT	layer 1	40.14
3	M4C+SCT	layer 2	**40.69**
4	M4C+SCT	layer 3	40.01

如表 4-5 第 1 行和第 2 行所示，将第一层 Transformer 替换为以语义为中心的 Transformer，模型在 TextVQA 数据集的验证集上的准确率从 39.40% 提高到 40.14%。这表明设计有效的模型结构使得模型更加关注于自然场景中的场景文字信息是有效的，即将场景中物体信息作为辅助信息，将场景中文字的视觉信息来加强场景文字的语义信息是有利于模型推理关于场景图中文字的问题的答案的。

如表 4-5 第 3 行所示，当增加以语义为中心的 Transformer 为两层时，模型的性能得到进一步的提升，达到 40.69%。但是当增加以语义为中心的 Transformer 为两三层时，模型的性能下降了，如表 4-5 第 4 行所示模型的在准确率下降到了 40.01%。

这种现象是可以理解的，因为以语义为中心的 Transformer 是用来更好地表示场景文字的特征，以此增强模型对场景文字信息的理解能力，普通 Transformer 是用来融合交互不同模态输入信息的。当模型结构固定在 4 层时，使用 3 层以语义为中心的 Transformer 仅仅使用一层普通 Transformer，导致模型过多地关注场景文字的语义，但是忽略了多种模态信息的融合推理和交互过程，使得性能下降。

4.4.3　对比实验

1. 在 TextVQA 数据集上的对比实验

表 4-6 比较了本书提出的以场景文本语义为中心的场景文字视觉问答方法和

其他现有方法在 TextVQA 数据集上的性能。

表 4-6　在 TextVQA 数据集上的对比实验结果

序号	模　型	OCR 系统	验证集准确率/%	测试集准确率/%
1	LoRRA	Rosetta-ml	26. 56	27. 63
2	M4C	Rosetta-en	39. 40	39. 01
3	SMA	Rosetta-en	39. 58	40. 29
4	CRN	Rosetta-en	40. 39	40. 96
5	LaAP-Net	Rosetta-en	40. 68	40. 54
6	Ours	Rosetta-en	**41. 17**	**41. 42**
7	SSBaseline	SBD-Trans	43. 95	44. 72
8	SA-M4C	Google OCR	43. 90	—
9	Ours	SBD-Trans	**44. 75**	**45. 65**

从表 4-6 第 4 行和第 5 行可知，在同时使用 Rosette-enOCR 模块的情况下，LaAP-Net 和 CRN 分别在 TextVQA 数据集的验证集和测试集上实现了之前方法中的最优性能。值得注意的是，CRN 采用了额外的 ANLS 策略梯度损失，使其在 TextVQA 数据集的测试集上准确率提升了 2. 07 个百分点。

从表 4-6 第 6 行可知，与其他现有方法相比，本书提出的 SC-Net 在验证集上超过 LaAP-Net 0. 49%，在测试集上超过 CRN 0. 46%，这证明了 SC-Net 方法的优越性。

另外，M4C、SMA 和 CRN 将对象特征作为输入的一部分，而本书所提出的以语义为中心的 Transformer 模块使用它们来增强场景文字的特征，使得输入特征长度从 182 减少到 82，节省了大量的计算开销。这意味着 SC-Net 在拥有更高性能的同时具备更快的速度。

为了进一步验证本章提出的 SC-Net 模型的有效性，再采用与 SSBaseline 相同的 OCR 模块情况下，对比表 4-6 第 7 行和第 9 行可知，在使用相同的更高性能的 SBD-Trans OCR 模块时，SC-Net 模型在 TextVQA 数据集的验证集和测试集上准确率超越 SSBaseline 模型 0. 8% 和 0. 93%。

这一结果证明了 SC-Net 模型在使用不同性能光学字符检测模块下，性能均能超过之前的方法，证明了 SC-Net 模型的优越性。

2. 在 ST-VQA 数据集上的对比实验

为了充分验证以场景文本语义为中心的场景文字视觉问答方法的有效性，首先在 ST-VQA 数据集上进行实验，见表 4-7，在 ST-VQA 数据集上，SC-Net 模型的性能大大超过了基线模型 M4C。具体来说，SC-Net 模型在 ST-VQA 数据集的验证集上相对于基线模型 M4C 准确率提高了 2.36 个百分点，同时在 ANLS 指标上提高了 3.18 个百分点。与此同时，相比于基线模型 M4C，SC-Net 模型在 ST-VQA 数据集的测试集上 ANLS 提高了 2.7 个百分点。

表 4-7　在 ST-VQA 数据集上的实验结果

序号	模　型	验证集准确率/%	验证集编辑相似度	测试集编辑相似度
1	VTA	—	—	0.282
2	M4C	38.05	0.4720	0.462
3	SMA	—	—	0.466
4	CRN	—	—	0.483
5	LaAP-Net	39.74	0.4974	0.485
6	Ours	**40.41**	**0.5038**	**0.489**

与当前的最优方法 LaAP-Net 对比，SC-Net 模型在 ST-VQA 数据集的验证集和测试集上分别超过其 0.67% 和 0.4% 的准确率，在 ST-VQA 数据集的验证集上超过其 0.64% 的 ANLS。这一结果证明了 SC-Net 模型在使用不同数据集中，各个评测指标均能超过之前的方法，证明了 SC-Net 模型的优越性。

4.4.4　可视化分析

图 4-4 展示了来自 TextVQA 数据集的一些可视化样本，以验证 SC-Net 模型与基线 M4C 相比的优越性。

在语义信息的指导下，SC-Net 模型能够充分利用固定词汇表的优势，修改了许多语义上不合理的结果。如图 4-4（a）、（b）所示，OCR 模块无法将“forida”和“whisky”分别识别为“elorida”和“whiske”。对于图 4-4（a），M4C 被错误的场景文字结果误导，并在固定词汇表中选择单词“california”，该单词经常与疑问词“state”一起出现。

如图 4-4（b）所示，M4C 无法判断识别的场景文字是否是错误拼写的，从而简单地复制错误拼写的场景文字作为答案。相反，本书提出的模型综合考虑问题、图像特征和文本特征的全局语义，从固定词汇中定位准确的答案。证明本书提出的方法能够有效克服数据偏置，更好地利用语义信息进行答案预测。

这个地方是哪个州？
M4C: califonia (VOCAB)
Ours: florida (VOCAB)

（a）

这是哪一种酒？
M4C: whiske (OCR)
Ours: whiskey (VOCAB)

（b）

这本书的作者是谁？
M4C: markus michae (OCR OCR)
Ours: markus zusak (OCR OCR)

（c）

这瓶酒的酒精浓度是多少？
M4C: 366 (OCR)
Ours: 425wl(OCR)
GT: 4.8%

（d）

图 4-4　模型与基线模型 M4C 对比的可视化样本分析

如图 4-4（c）所示，以语义为中心的 Transformer 模块的设计使得 SC-Net 模型能够关联文本的视觉信息（“markus”和“zusak”的红色）并找到相关单词来组成语义上更合适的答案。

图 4-4（d）展示了一个失败案例，问题的真实答案标注是“4. 8%”，而 M4C 模型给出了不相关的场景文字“366”，SC-Net 模型预测“425wl”作为答案。本书提出的 SC-Net 模型不能根据语义信息回答正确的数字是可以解释的。因为即使是人类也很难根据图片中模糊的数字中提供正确答案，正确答案“4. 8%”也不包括在固定词汇表中。但是，本书的模型仍然找到正确答案区域，并给出与“4. 8%”语义最相似的单词作为答案。

实验中仍然存在一些失败案例，如图 4-5 所示，这些场景文字相关问题和图片是极具挑战性的。

首先，OCR 系统很难正确识别钟表的时间。在图 4-5（a）中，M4C 和本章提出的 SC-Net 模型无法预测这种情况下的正确答案。

图像中的时间是多少?
M4C:1(VOCAB)
Ours:16(VOCAB)
GT:2

(a)

该钱币是哪一年铸造的?
M4C:2012(VOCAB)
Ours:2001(VOCAB)
GT:2004

(b)

这是什么车?
M4C:taxi(VOCAB)
Ours:cooper(OCR)
GT:mini cooper

(c)

这家店叫什么名字?
M4C:regency(OCR)
Ours:american apparel®(OCR OCR)
GT:american appare

(d)

图 4-5　SC-Net 模型在 TextVQA 数据集上的一些失败样例

其次，由于字典中没有具体的年份数字和酒精含量，该研究点所提出的实例级别的语义对比学习预测模块无法通过答案的语义信息从固定高频词汇表中选择正确的答案。如图 4-5（b）所示，但是 SC-Net 模型仍然可以用比 M4C 更合理的词语作为问题的答案。

在图 4-5（c）中，SC-Net 模型在 OCR 标记中用“cooper”回答，这在语义上比“taxi”更接近答案“mini cooper”。此外，在图 4-5（d）中发现了一些有趣的失败案例，SC-Net 模型答案比真实答案更准确。然而，准确率计算指标仍然将它们视为错误答案。

小　　结

本章提出了一个以场景文本语义为中心的场景文字视觉问答方法（SC-Net）来解决 TextVQA 任务中的几个挑战。首先，考虑到场景文字语义信息在 TextVQA 任务中对于多模态信息的推理和理解起着至关重要的作用，而场景文字语义信息的中心地位在之前的工作中是被忽略的，本章设计了一种新颖的以语义为中心的 Transformer 模块（SCT），将文本的视觉和语义部分进行单独处理，以物体的相对位置关系（IoU）和场景文字为指导，将物体特征集成到场景文字的特征中，既构建了场景文字的中心地位又能够减少整体输入特征的长度，从而做到减少计算开销。其次本章提出了一个实例级对比语义预测模块（ICSP）来预测答案的语义特征，从答案文字语义的角度来指导模型推理答案的过程。遵循这些策略，本章提出的 SC-Net 模型可以更准确地找到答案，同时降低计算复杂度。大量的实验表明，本章所提出的以场景文本语义为中心的场景文字视觉问答方法在 TextVQA 和 ST-VQA 数据集上均优于以前的方法。

第5章 基于文本语义上下文学习及空间表示的场景文字视觉问答方法

在前一章中，从场景文字语义出发，在模型结构及答案预测生成方面通过构建语义为中心和指引，增强了模型对于场景文字语义的含义及差异的理解能力，进而增强了模型的推理能力。虽然实验显示所提方法可以使得模型可以更好地符合场景文字视觉问答任务的出发点，同时可以缓解语言偏置和减少场景文字识别错误带来的影响，但是由于该模型使用了预训练语言模型作为基础模型结构，其将不同场景文字强行拼接为句子处理并且使用一维位置编码构建不同场景文字间的空间位置关系，无法判断不同场景文字间的上下文语义关系及良好表达复杂的空间位置关系。本章将探索基于文本语义上下文学习及空间表示的场景文字视觉问答方法。

5.1 场景文本视觉问答的语义与空间挑战

基于文本的视觉问答（TextVQA）旨在通过理解场景文本和图像中视觉信息的交互来回答问题。它要求模型不仅能够识别文本和视觉信息之间的差异，而且具有基于各种模式推理答案的能力。该领域的大多数工作探索网络结构并设计具体的预训练任务。

当前该领域的工作基本都是采用 Bert、Transformer、T5 等预训练语言模型作为基础模型结构，由于这些预训练语言模型所采用的训练数据和任务大部分都是面向于自然语言处理中处理语义连贯且完整的天然包含上下文语义关系的句子，因此，当前在场景文字视觉问答领域的方法将自然场景中的文字都按阅读顺序（从左到右，从上到下）拼接所有场景文字成一个序列，该序列被视为自然语言“句子”。

然而，自然场景中的文字是由光学字符识别（OCR）系统识别的。这些文字分散在整个图像中任意位置。与自然语言处理任务中输入的句子相比，分布在自然场景中的这些文字可能在语义上不相关，无法视作具有天然语义上下文关系的句子。

图 5-1（a）显示了自然场景文字视觉问答领域中模型的输入与自然语言句子之间的差异。

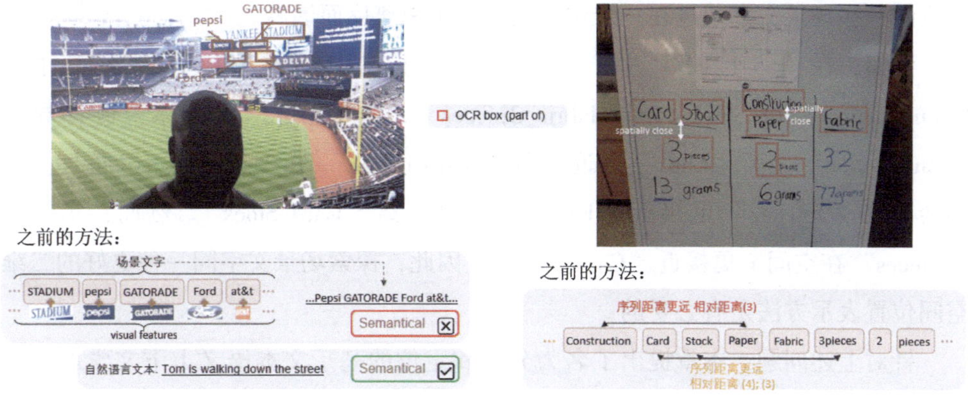

（a）　　　　　　　　　　　　　　　　（b）

图 5-1　自然场景中的文本与自然语言文本的区别

在图 5-1（a）中，句子“Tom is Walking down the street”在语义上是连贯且完整的。自然语言句子中存在明显的上下文关系，句子中的单词具有语义相关性。相反，自然场景中的文本“Pepsi GATORADE Ford at&t”实际上没有上下文语义关联。然而，在场景文字视觉问答领域之前的所有工作都忽略了自然场景中的文本与 NLP 中的句子不同。自然场景文本序列“Pepsi GATORADE Ford at&t”在当前方法中被当作一个句子处理，强行构建不同场景文字间的语义关系，即使不同文字间实际上不具有上下文语义关联。

强行将不存在语义上下文关系的场景文本拼接并当作一个包含上下文关系的自然语句来处理，会使得模型强行构造它们之间本不存在的语义关系，从而给模型的推理添加许多噪声。这会影响模型推理文本相关问题答案的能力。

另一个问题是自然语言文本输入的阅读顺序是从左到右、从上到下的。在自然语言中的单词和句子本质上具有语义关联，因此文本可以按照阅读顺序拼接并形成语言序列。使用绝对位置嵌入或相对位置嵌入来表示不同单词或句子之间的顺序位置关系没有问题。

然而，自然场景中识别的文字具备复杂的二维空间位置关系，简单地使用从左到右、从上到下拼接来表示其空间位置关系显然是不合理的。因为自然场景文字之间显示出很强的空间位置关系的性质，然而一维相对或绝对位置编码无法表达图片中的二维复杂空间关系。

如果将自然场景中所有文字串联拼接成一个句子并输入模型中，然后使用原始的一维位置嵌入进行位置建模，这是不合理的，这将导致自然场景中空间上更接近的一些场景文字通过在一维位置嵌入表示距离反而远离。

例如，在图 5-1（b）中，当前方法采用一维位置编码构建文本序列“Construction Card Stock Paper fabric 3pieces …”的空间位置关系，这将导致“Construction”距离“Card”更近，而“Construction”距“textttPaper”更远。它还会导致“3pieces”更接近“Fabric”但更远离“Card Stock”。然而，实际上“3pieces”在空间上更接近“Card Stock”。因此，探索场景文字间一种更好的二维空间位置表示方法是有必要的。

针对上述问题，本章提出了名为分离和定位的基于文本语义上下文学习及空间表示的场景文字视觉问答方法。

针对自然场景图像中文本之间无法判断语义关联的问题，该方法提出了文本语义分割（TSS）模块。与简单地直接将语义不相关的场景文本直接拼接组合成句子相比，文本语义分割模块可以通过分析不同文本间的背景、颜色、字体风格、字体大小和位置关系等差异来分离不具有语义相关性的场景文字，从而减少训练过程中的噪声。通过这种方式，促进模型更好地学习不同场景文字之间的关系，并帮助后续推理文本相关问题的答案。

针对传统一维位置编码无法正确表达不同场景文字之间的复杂的空间位置关系的问题，该方法引入了空间圆位置（SCP）模块。空间圆位置模块通过计算自然场景图片中每个文本与其他文本的相对位置距离来表示其复杂的空间位置关系。具体来说，该模块采用毕达哥拉斯定理来计算两个文本之间的空间相对距离。

得益于这两个模块，本章提出的基于文本语义上下文学习及空间表示的场景文字视觉问答方法可以帮助模型学习到自然场景中场景文字之间的语义关联以及复杂的空间表示，很好地克服了自然场景中文本语义关联不明确和位置表示不准确的问题。本章所提出的分割和定位方法通过更好的相关性捕获不同 OCR

文本之间的语义关联性和空间位置，增强了模型的特征融合能力和多模态信息推理能力。

本方法在两个常用数据集 TextVQA 数据集和 ST-VQA 数据集上进行了大量实验。本章所提出的基于文本语义上下文学习及空间表示的场景文字视觉问答方法在没有使用任何预训练数据和任务的情况下，其性能也优于当前最优的方法，即使它们使用了大量预训练数据和针对该领域的特定的预训练任务。这意味着在减少大量训练成本的情况下，SaL 方法仍优于当前的最优方法。

5.2　场景文本关系建模与空间编码进展

5.2.1　场景文字关系建模相关工作

很多视觉语言领域相关的工作认识到文本在回答文本相关问题中发挥着重要作用。CRN 提出了层层递进的模型结构专注于文本和视觉物体之间的交互。LaAP-Net 预测出生成答案的边界框以指导答案生成过程。SMA 和 SA-M4C 构建图模型来建立文本和物体之间的关系。TAG 引入了适用于场景视觉问答任务的数据增强方法。

TAP、LOGOS、LaTr 和 PreSTU 提出了不同的预训练任务来促进场景文本视觉问答任务的发展。具体来说，TAP 提出了一种文本感知预训练任务，可以预测场景文本之间的相对空间关系来提升模型对于文本位置关系的理解能力。LOGOS 引入了问题视觉指代任务来增强问题文本和图像区域之间的联系。由于位置信息对于场景文字的理解具有十分重要的意义，而 TAP 简单地预测不同区域之间的位置关系效果不是很显著，LaTr 基于 T5 模型提出了一种结合布局信息的布局感知预训练任务，该预训练任务只输入文本信息以及二维的位置信息，即在掩码词处只加入位置信息，预测该词。这种设计使得模型更加关注不同区域的空间关系以及通过空间关系进行关联上下文。PreSTU 基于 mT5 模型，设计了一个简单的场景文本理解预训练任务。

然而，它们都忽略了不同场景文本之间是否存在语义关联以及一维位置编码无法良好表达复杂的二维空间位置关系的问题。本章提出的模型可以根据不同场景文本的视觉和位置信息来判断是否存在语义上下文信息，进而分割不同的场景文字，从而达到区分场景文字和自然语言中完整语义句子。此外，本方法可以建立每个场景文字之间准确的相对空间关系，从而帮助模型更好地回答与空间位置相关的问题。

5.2.2 空间位置编码相关工作

Transformer 成为 NLP 的通用范式后，提出了一维绝对位置编码和相对位置编码来识别句子中不同单词之间的位置关系。在 Vit 使用 Transformer 处理图像任务之后，Standalone self-attention 提出了一种二维图像的编码方法。这个想法很简单。它将二维相对编码分为水平和垂直方向，使得每个方向都可以通过一维编码来建模。然而，它仅仅给每个图像区域一个简单的绝对空间位置编码，并不能直接构造图像之间的相对空间关系和距离。简单地使用图像区域的 x 轴坐标和 y 轴坐标两个一维位置嵌入相加来表示图像中区域的位置关系，这是阻止模型学习不同场景文字空间位置关系的主要限制。

LaAP-Net、SMA、SA-M4C 和 LaTr 证明了场景文本在场景文字视觉问答领域中的地位的关键作用。它们提出了各种网络结构和预训练任务，使模型能够学习场景文本之间的不同空间位置关系。但是，LaAP-Net、SMA 和 SA-M4C 仍然使用自然语言处理模型中传统的一维绝对位置编码来构建场景文本之间的空间关联。尽管 LaTr 尝试构建 OCR 文本在自然场景中的绝对位置关系，即使用场景文字边界框的左上角、右下角、长度、宽度来代表一个场景文本在自然场景中的布局信息。然而，学习到这种布局表示需要大量的数据支撑，在 LaTr 中使用了 6 400 万个额外数据进行预训练任务来学习这种空间位置表示，相比于 TextVQA 数据集本身仅含有 28 408 张图片，这种预训练带来的计算开销以及人工成本是极大的。本章所提的方法对图像中每个场景文本到所有其他场景文本的空间相对距离和隐式角度进行建模，这是一种更直接、更合理的空间编码表示。

5.3 文本语义与空间表示结合的场景文字视觉问答方法

本章所提出的基于文本语义上下文学习及空间表示的场景文字视觉问答方法分析了场景文字视觉问答任务中的场景文本与自然语言处理任务中的完整句子之间的差异。在场景文字语义上下关系判断方面，该方法提出了文本语义分隔（TSS）模块，基于具有相似背景颜色、字体大小、字体风格和空间位置的自然场景文字更倾向于存在语义关联，而具有差异较大的背景颜色、字体大小、字体风格和空间位置的场景文字倾向于不具备语义上下文关联，该模块通过场景文字的视觉及空间信息进行综合判断不同文字之间是否存在于语义相关性。

通过语义分割模块，该方法可以学习分割没有语义上下文关系的场景文本，合并具有上下文语义关系的场景文本，从而给模型的答案推理过程提供先验知识，帮助其推理、理解、分析与场景文本相关的问题。

在空间位置关系方面，该方法提出了空间圆位置（SCP）模块，该模块可以通过计算不同场景文字的相对位置距离来构建复杂的二维空间位置关系。通过这两个模块，本章所提方法可以分割语义无关的场景文本，并定位场景文本在图像中的准确的空间位置和相对位置关系。

在本节中，将介绍本章所提出的模型的整个构建过程。具体来说，本节首先介绍模型的多模态特征提取模块，之后再介绍文本语义分割模块，最后详细阐述空间圆位置（SCP）模块。其中多模态特征提取模块分别提取问题、文本及物体的视觉特征、文本及物体的语义特征；文本语义分割模块通过 OCR 文本区域的视觉信息（颜色、字体风格、字体大小等信息）和空间坐标信息来判断不同 OCR 文本之间是否存在上下文语义关联；空间圆位置模块通过构建每个 OCR 文本所在区域与所有其他 OCR 文本所在区域的相对距离以及蕴含的角度来构建每个 OCR 文本之间的空间相对位置关系。

5.3.1　多模态特征提取模块

参考之前的工作 LaTr，本章提出了 T5 作为基础模型框架，如图 5-2（a）所示，数据集中每个样本中的原始数据都是图像和相应的问题。接下来，如图 5-2（b）所示，模型使用 Faster R-CNN 模型和文本到文本迁移 Transformer（text-to-text transfer transformer）token 嵌入层分别获取自然场景图片中场景文字和物体的视觉和文本信息。最后，如图 5-2（c）所示，问题、场景文字和物体特征再拼接在一起并输入模型中。具体流程由问题文本特征、场景文字特征、物体特征三部分组成。

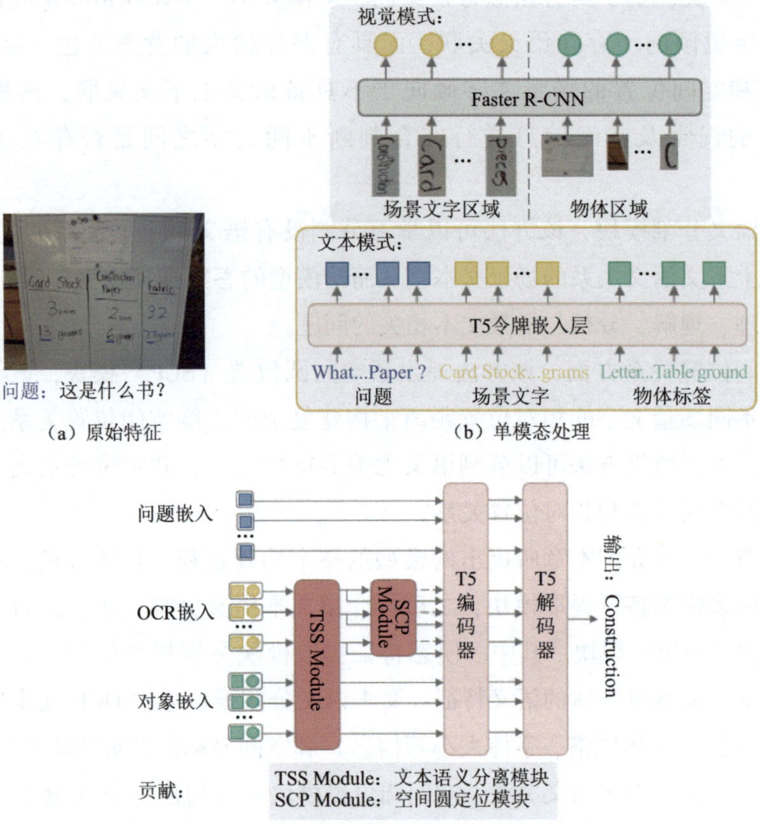

（a）原始特征　　（b）单模态处理

（c）多模态处理及预测

图 5-2　适用于 OCR 文本的语义上下文学习及空间表示的模型框架

1. 问题文本特征

参考 LaTr 模型，该模块使用 T5 token 嵌入层将问题文本转换为问题特征嵌入 $Q=\{q_i\}_{i=1}^{L}$，其中 $q_i \in \mathbf{R}^d$ 是第 i 个问题文本的嵌入特征，L 是问题文本的长度，d 是问题文本特征的维度。

2. 场景文字特征

对于光学字符识别系统在输入的自然场景图像中识别到的场景文字，该模块使用了三种不同的特征：① 由预训练好的 Faster R-CNN 模型提取的视觉特征 $x_i^{\mathrm{ocr,fr}}$；②OCR 文本相应边界框 $x_i^{\mathrm{ocr,bx}}=\left[\frac{x_i^{\min}}{W},\frac{y_i^{\min}}{H},\frac{x_i^{\max}}{W},\frac{y_i^{\max}}{H}\right]$；③T5 嵌入层产生的文本嵌入 $x_i^{\mathrm{ocr,t5}}$。其中 $x_i^{\min}$ 代表文本边界框的左上角 x 坐标，$y_i^{\min}$ 代表文本边界框的左上角 y 坐标，$x_i^{\max}$ 代表文本边界框的右下角 x 坐标，$y_i^{\max}$ 代表文本边界框的右下角

y 坐标，W 代表图片的宽度，H 代表图片的高度。最终的 OCR 文本特征为

$$x_i^{\mathrm{ocr}} = \mathrm{T5LN}(W_{\mathrm{fr}}x_i^{\mathrm{ocr,fr}}) + \mathrm{T5LN}(W_{\mathrm{bx}}x_i^{\mathrm{ocr,bx}}) + W_{\mathrm{t5}}x_i^{\mathrm{ocr,t5}} \tag{5-1}$$

3. 物体特征

为了获得图片中的物体特征，该模块使用与场景文字特征中提到的相同的 Faster R-CNN 模型提取视觉信息：

$$x_i^{\mathrm{obj}} = \mathrm{T5LN}(W'_{\mathrm{fr}}x_i^{\mathrm{obj,fr}}) + \mathrm{T5LN}(W'_{\mathrm{bx}}x_i^{\mathrm{obj,bx}}) + W'_{\mathrm{t5}}x_i^{\mathrm{obj,t5}} \tag{5-2}$$

其中，$x_i^{\mathrm{ocr,fr}}$ 是外观特征；$x_i^{\mathrm{obj,bx}}$ 是边界框特征；$x_i^{\mathrm{obj,t5}}$ 是对应于物体标签的 T5 词嵌入特征。

因此，最终输入特征为

$$\mathrm{input} = \mathrm{cat}(X^{\mathrm{q}}, X^{\mathrm{ocr}}, X^{\mathrm{obj}}) \tag{5-3}$$

其中，X^{q} 是问题嵌入特征；X^{ocr} 是 OCR 嵌入特征；X^{obj} 是物体嵌入特征；cat 表示拼接函数。

5.3.2　文本语义分割模块

与自然语言句子中的单词不同，自然场景图像中的场景文本分布在图像的不同位置。它们分布在不同的文本载体和不同材料的背景上，相同载体上的文字倾向于具备语义相关性，而不同载体上的文字一般不具有上下文语义关联性，这意味着自然场景中大多数场景文本之间不存在语义上下文关联。

由于在场景文字视觉问答任务中之前的工作没有意识到这一点，采用了自然语言处理领域的预训练模型，将场景文字直接拼接成一个句子并输入模型中，这样使得模型强迫建模不同场景文字之间的上下文语义关联，在训练的过程中给模型的学习添加了大量的噪声，损害了模型的性能。

为此，本方法提出的文本语义分割（TSS）模块依赖自然场景中具有相似视觉信息（背景颜色、字体风格、字体大小）和空间位置的文字更倾向于具备语义上下文关联，从视觉和空间信息判断不同场景文字之间是否存在上下文关系，从而达到分割不同的场景文字的效果，使模型能够正确认识到场景文字与自然句子之间的差异，更好地帮助模型表达和融合问题、场景文本和物体的特征同时减少训练过程中的噪声。

图 5-3（a）的底部所示是不使用文本语义分割模块的原始输入。如果没有文本语义分割模块，模型会将场景文字按照其在图片中的空间位置，从左到右、从上到下拼接在一起，这会使得使模型将每两个相邻的场景文字（如“Paper” 和

“Fabric”）强行建模学习本不存在的上下文语义关联。然而实际上大部分场景文字其实不存在上下文语义关联事，强迫模型构建这种语义关联会给模型的训练过程添加有害的噪声，同时不利于模型学习和理解各种模态的信息，最终削弱模型的推理能力。

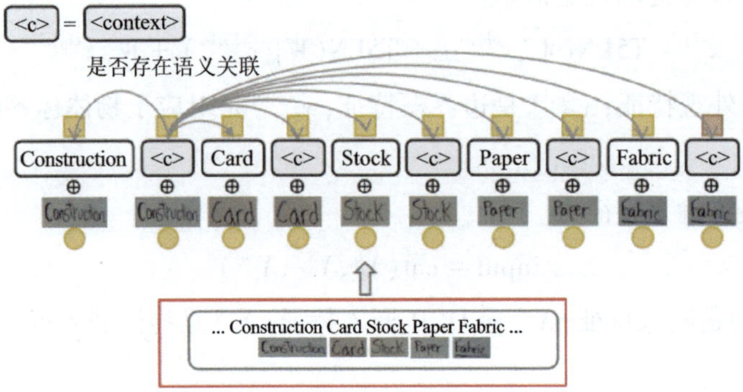

（a）文本语义分离模块

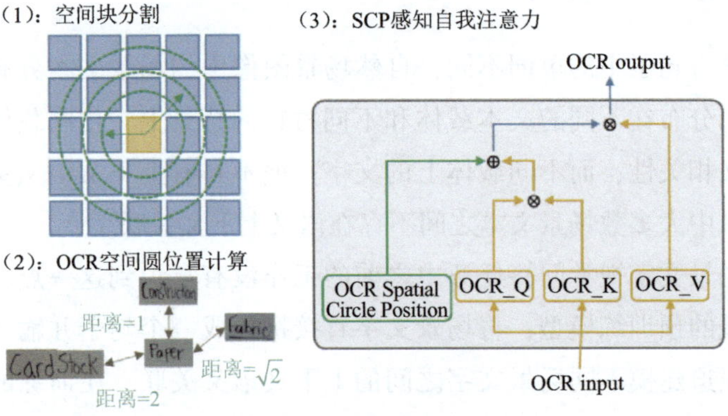

（b）空间圆定位模块

图 5-3　文本语义分割模块和空间圆位置模块

文本语义分割模块使用 T5 词表中预留的<context>标记作为上下文分割标记，并且在每个场景文字的最后一个 token 之后插入一个上下文分割标记，在每个上下文分割标记处加上对应场景文字的视觉信息和位置信息，这样使得每个上下文分割标记包含了其对应的场景文字的背景、颜色、字体风格、字体大小和空间位置信息，由于<context>标记都来自 T5 查找表中保留的可学习嵌入特征表示，这意味着在模型训练的过程中，通过注意力机制，每个上下文分割标记都会根据其所包含的场景文字视觉和空间信息学习判断它们是否具备语义上下文关联。

如图 5-3（a）所示，文本语义分割模块将在获得了“Card”和“Stock”的视觉信息和边界框坐标信息后，通过注意力机制学习并判断其关联性。最后，每个上下文分离标记都可以与所有其他场景文本进行交互，并通过不同场景文本的视觉关系和边界框关系来判断每一对场景文字是否存在语义关系。这样做的好处是：①模型可以学习到不同的场景文本之间是否存在上下文关系，这有助于模型的推理和特征融合。②<context> 可以结合前后的场景文本，学习到不同场景文本之间的区别。③与直接将场景文本拼接成句子相比，该方法降低了噪声。

文本语义分割模块这样设计的动机来源于：①自然场景中具有相似视觉信息（背景、字体大小、字体颜色和字体样式）和空间信息的场景文字自然具有语义关系；②通过注意力机制，每个上下文分割标记 <context> 可以根据相应场景文本的视觉特征和坐标，判断其与周围场景文本是否存在视觉或空间关系。通过学习此信息，该模型可以确定不同场景文本之间是否存在语义上下文关系。

5.3.3　空间圆位置模块

自然场景中文本的空间位置关系对于解决有关文本问题来说是极为重要的。之前的方法所采用的自然语言处理中常见的一维位置编码来表示二维空间中的场景文字的空间位置关系是不合理的，它既不能良好地构建二维空间不同文字的绝对位置，也不能构建两两文字之间的空间位置关系。

如何构建文本之间复杂的空间位置关系成为亟待解决的问题之一。本书提出空间圆位置模块来构建精确的自然场景 OCR 文本间空间位置关系。

具体来说，空间圆位置模块包括以下三个步骤：①将场景图像划分为 11×11 个图像区域，并通过坐标将所有场景文字分配给相应的区域；②通过勾股定理计算每个场景文字与所有其他文本之间的空间距离；③根据计算的空间距离在场景文字和其他场景文字之间分配空间位置嵌入，并将它们输入自注意力层中。

将场景图像划分为 11×11 个图像区域是因为一般图像中比图像 1/11 还小的文本只占据数据集中的极少部分，当然将场景图像划分越小越好，但是这无疑会带来更大的计算开销，因此本方法通过统计计算后将图片划分为 11×11。具体的过程公式如下：

$$p_i^{\text{ocr}} = \text{Patch}(x_i^{\text{ocr,bx}}) \tag{5-4}$$

$$\text{dist}_{i,j}^{\text{ocr}} = (\text{Pytha}(p_i^{\text{ocr}}, p_j^{\text{ocr}}) * 2).\text{long}() \tag{5-5}$$

$$\text{distEmbed}_{i,j}^{\text{ocr}} = \text{Embedding}(\text{dist}_{i,j}^{\text{ocr}}) \tag{5-6}$$

$$\text{att}_{i,j} = \frac{(W_q * \text{ocrInput})(W_k * \text{ocrInput})^{\text{T}} + b_{i,j}}{\sqrt{d}} \tag{5-7}$$

$$a_{i,j} = \mathrm{softmax}(\mathrm{att}_{i,j} + \mathrm{distEmbed}_{i,j}^{\mathrm{cor}}) \quad (5\text{-}8)$$

$$\mathrm{ocrOutput}_{i,j} = a_{i,j} * (W_v * \mathrm{ocrOutput}) \quad (5\text{-}9)$$

其中 Patch 是通过场景文字的坐标将场景文字和图片区域对齐的函数。Pytha 是一个计算场景文字之间空间距离的函数。Embedding 是 Pytorch 中的一个函数，它是一个 32×12 的特征查找表。W_q, W_k, W_v 是自注意层的可学习参数，$\frac{1}{\sqrt{d}}$ 是一个缩放因子。

使用空间圆位置模块具有以下优点：

（1）与 SMA 和 SA-M4C 等模型相比，SMA 和 SA-M4C 等模型构建了一个专门处理各种预定义空间位置关系的注意力层。空间圆位置模块通过空间距离显式构造每个 OCR 文本与其他 OCR 文本的所有空间关系。此外，在图 5-3（b）的第一步中，每个图像块之间隐式存在各种角度关系，并且分配给不同图像块的每个场景文字也隐式包含各种角度关系。它不需要额外消耗模型参数，只需要一个 32×12 可学习的查找表。

（2）与 LaTr 使用 6 个 1 000×768 的可学习查找表和大量的预训练数据相比，空间圆位置模块的显式构建方法要好得多（详见表 5-9）。

（3）之前的方法构建了所有 OCR 文本的全局空间位置关系，不能很好地构建每个 OCR 文本与所有其他 OCR 文本之间的相对空间位置关系。空间圆位置模块考虑了每个 OCR 文本与所有其他 OCR 文本之间的隐含角度和空间距离，可以更准确地定位 OCR 文本在图像中的位置以及不同 OCR 文本复杂的相对空间关系。

如图 5-3（a）所示，由于缺乏空间位置表示能力，上述方法往往会产生许多不合理的位置关系。例如，使用原本的一维位置编码表示“Paper”更接近“Card”，但“Paper”与“Construction”的距离更远。这显然与在图像中看到的不符。本书的方法很好地解决了这个问题。

具体来说，如图 5-3（b）的第（3）部分所示，空间圆位置模块首先计算“Paper”和“Card”的距离为 2，再计算“Paper”和“Construction”的距离为 1，将其空间距离位置关系添加到注意力层，以便模型可以捕获场景文字之间的各种角度和空间位置关系，最终使得模型具备构建自然场景中不同文字间复杂的相对空间位置关系。

表 5-1 给出了文本语义上下文学习及空间表示的场景文字视觉问答方法的网络参数。

表 5-1　基于文本语义上下文学习及空间表示的场景文字视觉问答方法的网络参数

网络参数	值	网络参数	值
问题文本最大长度	45	多种模态统一映射的特征维度	768
场景文字最大长度	350	Transformer 编码器层数	12
场景物体最大长度	250	Transformer 解码器层数	12
场景文字 Faster R-CNN 特征维度	2 048	多头 Transformer 头数量	12
场景物体 Faster R-CNN 特征维度	2 048	最大输出答案长度	25

5.3.4　训练损失

本章方法使用二元交叉熵损失来训练模型。由于样本中的问题有多个答案，因此可以将其转换为多标签分类问题。二元交叉熵损失可以定义为

$$\begin{cases} \text{Pred} = \dfrac{1}{1 + \exp(-y_{\text{pred}})} \\ L_{\text{bce}} = -\left(y_{\text{gt}}\lg(\text{pred}) + (1 - y_{\text{gt}})\lg(1 - \text{pred})\right) \end{cases} \tag{5-10}$$

其中，y_{pred} 是预测答案分布；y_{gt} 是真实答案标注。

5.4　实验结果与分析

在本节中，首先在两个主要数据集 TextVQA 数据集和 ST-VQA 数据集上验证本章提出的基于文本语义上下文学习及空间表示的场景文字视觉问答方法的有效性。

在 5.4.4 节中详细介绍该方法的实验设置和训练细节；在 5.4.2 节中将详细对比和分析在两个数据集上 SaL 模型与基线模型和当前最优的方法的性能；在 5.4.3 节中将在 TextVQA 数据集上进行大量详细的消融实验以验证本方法提出的文本语义分割模块和空间圆位置模块的有效性、探索输入中不同模态信息的作用、探索不同视觉提取器对模型性能的影响、文本语义分割模块的变体方法及性能和空间圆位置模块在其他模型上的效果；在 5.4.4 节中展示 M4C 模型、基线模型以及本方法的可视化结果对比样例。

参考 LaTr 方法中的表示方法，本章使用 ‡ 来指代在 TextVQA 数据集和 ST-VQA 数据集上同时训练的模型的结果。“-Base” 和 “-Large” 模型大小分别指于

Transformer 编码器和解码器中具有 12+12 和 24+24 层的基础模型网络。为了与以前的方法进行公平的比较，本章将以前的方法分为非预训练方法和需要大量预训练大量数据和特定预训练任务的预训练方法。由于光学字符识别系统识别文本的准确性对模型的性能有很大影响，因此本章方法使用经典的 Rosetta OCR 和性能更好的 Amazon OCR 与以前的方法进行了更公平的比较。

表 5-2 给出了文本语义上下文学习及空间表示的场景文字视觉问答方法的超参数设置。

表 5-2　基于文本语义上下文学习及空间表示的场景文字视觉问答方法的超参数设置

优化参数	值	优化参数	值
优化器	Adam	Warm-up 比例系数	0. 2
基础学习率	2×10^{-4}	批量大小	36
学习率衰减系数	0. 1	最大轮数	24 000
Warm-up 轮数	1 000	学习率衰减所在轮数	14 000，19 000

5. 4. 1　实验设置

在本节中，总结了 SaL 方法的结构设置和超参数设置。所有实验均基于 PyTorch 深度学习框架。

本模型由三个主要组件组成：多模态输入、多层 Transformer 编码器和多层 Transformer 解码器。在训练期间，使用教师强制方法迭代地预测和监督答案生成。对于 T5 的词汇表分数采用多标签 sigmoid 损失函数来监督训练的学习过程。在表 5-1 和表 5-2 中列出了本模型的网络结构和优化参数信息。

5. 4. 2　对比实验

1. 在 TextVQA 数据集上的对比实验

如表 5-3 第 9 行所示，在使用经典的 Rosetta OCR 的情况下，本章模型的性能在 TextVQA 的验证集中达到了 48. 67%的准确率，相比之前使用 Rosetta OCR 的最优方法 LaTr，SaL 模型在 TextVQA 数据集的验证集上准确率高出 4. 61 个百分点，由于 SaL 模型和 LaTr 使用了相同的基线模型，因此证明 SaL 模型在参数量相同的情况下远远优于之前的方法。

如表 5-3 第 22 行所示，在使用 Amazon-OCR 的情况下，本书的方法使用与之前的最优方法 LaTr-Base 相同的 T5-Base 作为模型结构，本书的方法在 TextVQA 数据集的验证集和测试集上的准确率分别优于 LaTr 3. 32 个百分点和 3. 63 个百分点。在同时使用 T5-large 且使用 TextVQA 数据集和 ST-VQA 数据集进行联合训练的情况下，本书的方法在 TextVQA 数据集的验证集和测试集上分别实现了 64. 58% 和 64. 28% 的准确率。本书的方法分别比具有相同配置的最优方法 LaTr-large 方法高出 3. 53 个百分点和 2. 68 个百分点。

表 5-3　TextVQA 数据集上的性能对比

序号	模　型	OCR 系统	预训练数据	额外微调	验证集准确率/%	测试集准确率/%
1	M4C	Rosetta-en	—	—	39. 40	39. 01
2	SMA	Rosetta-en	—	—	40. 05	40. 66
3	LaAP-Net	Rosetta-en	—	—	40. 68	40. 54
4	CRN	Rosetta-en	—	—	40. 39	40. 96
5	BOV	Rosetta-en	—	—	40. 90	41. 23
6	SC-Net	Rosetta-en	—	—	41. 17	41. 42
7	TAP	Rosetta-en	TextVQA	—	44. 06	—
8	LaTr-Base	Rosetta-en	—	—	44. 06	—
9	SaL-Base	Rosetta-en	—	—	**48. 67**	—
10	SA-M4C	Google-OCR	—	ST-VQA	45. 40	44. 60
11	SMA	SBD-Trans OCR	—	ST-VQA	—	45. 51
12	M4C	Microsoft-OCR	—	ST-VQA	45. 22	—
13	TAP	Microsoft-OCR	TextVQA，ST-VQA	—	49. 91	49. 71
14	TAP	Microsoft-OCR	TextVQA，ST-VQA	ST-VQA	50. 57	50. 71
15	LOGOS	Microsoft-OCR	—	ST-VQA	51. 53	51. 08
16	TWA	Microsoft-OCR	—	ST-VQA	52. 70	52. 40
17	TAG	Microsoft-OCR	TextVQA，ST-VQA	ST-VQA	53. 63	53. 69
18	TAP	Microsoft-OCR	TextVQA，ST-VQA，TextCaps，OCR-CC	ST-VQA	54. 71	53. 97
19	LaTr-Base	Amazon-OCR	IDL	—	58. 03	58. 86
20	LaTr‡-Base	Amazon-OCR	IDL	ST-VQA	59. 53	59. 55
21	LaTr‡-Large	Amazon-OCR	IDL	ST-VQA	61. 05	61. 60
22	SaL-Base	Amazon-OCR	—	—	62. 42	62. 35
23	SaL‡-Base	Amazon-OCR	—	ST-VQA	62. 85	63. 18
24	SaL-Large	Amazon-OCR	—	—	63. 88	63. 92
25	SaL‡-Large	Amazon-OCR	—	ST-VQA	**64. 58**	**64. 28**

值得一提的是，相比于 LaTr 使用了 6 400 万个预训练数据进行了特定的预训练任务，本章所提的方法并没有使用任何预训练数据以及预训练任务，这大大减少了 SaL 模型训练过程中的训练资源开销以及数据开销，同时进一步证明了 SaL 模型的优越性。

这些结果证明，在使用不同的 OCR 系统和不同的基础网络结构的情况下，本章所提出的方法均有效，这得益于本章所提出的方法具备通用性，不局限于特定的网络结构和特定的 OCR 系统。

2. 在 TextVQA 数据集上与大模型对比实验

大规模预训练多模态模型具有大量参数和复杂结构，在多模态任务中取得了显著的突破，并在多个任务上表现出了优异的性能。大规模预训练多模态模型通过学习海量的数据和参数优化，具备了强大的上下文理解能力。它们能够理解和处理复杂的语言结构、语义关系和语境，并生成更准确和连贯的文本。同时，它能够同时学习多个任务，通过联合训练不同的任务，模型可以共享知识和表示，并从一个任务中获得对其他任务的帮助。这种多任务学习的方式可以提高模型的泛化性能和效果。因此与其对比具有一定的必要性。大规模预训练多模态模型中对于 TextVQA 有两种准确率指标设置。在本节中采用与 TextVQA 领域其他模型一样使用严格的准确率指标的大模型进行对比，不和使用宽松的准确率指标的大模型进行对比。使用宽松的准确率指标指的是只要答案文本出现在了模型的回答中即算其正确。

如表 5-4 第 1 行所示，PaLi-3B 模型在 TextVQA 数据集上达到了 60. 12% 的准确率，但是它的参数有 30 亿。如表 5-4 第 2 行所示，GIT 模型在 TextVQA 数据集上达到了 59. 93% 的准确率，但是它的参数有 7 亿。如表 5-4 第 3 行所示，Flamingo 模型在 TextVQA 数据集上达到了 57. 10% 的准确率，但是它的参数有 800 亿。如表 5-4 第 4 行所示，LLaVA-1. 5 模型在 TextVQA 数据集上达到了 58. 20% 的准确率，但是它的参数有 70 亿。如表 5-4 第 5 行所示，InstructBLIP 模型在 TextVQA 数据集上达到了 50. 70% 的准确率，但是它的参数有 130 亿。而 SaL 模型在达到 62. 85% 的准确率同时只有 2. 5 亿的参数量。可以看出 SaL 模型在使用更少参数的情况下，达到了更好的性能。此外，SaL 模型在部署过程中的资源消耗比多模态预训练模型更低。

表 5-4　在 TextVQA 数据集与大模型对比的结果

序号	模　型	参 数 量	验证集准确率/%
1	PaLI-3B	3B	60.12
2	GIT (0.7B)	0.7B	59.93
3	Flamingo	80B	57.10
4	LLaVA-1.5	7B	58.20
5	InstructBLIP	13B	50.7
6	SaL-Base (Ours)	0.25B	62.85

3. 在 ST-VQA 数据集上的对比实验

为了证明本章所提的方法不仅仅局限于单一数据集，本小节在另一个广泛使用的 ST-VQA 数据集上与其他方法进行对比。在表 5-5 第 14 行可以发现，在不受约束的设置下，本章提出的方法 SaL‡-Large 在 ST-VQA 数据集的验证集上的准确度为 64.16%，ANLS 评价指标为 0.722，在 ST-VQA 数据集的测试集上 ANLS 评价指标为 0.717，这证明本方法在各个指标上均达到了最优水平。

本章提出的模型比之前最优的方法 LaTr‡-Large 在 ST-VQA 数据集的验证集上高出 2.52 个百分点的准确率，在 ANLS 指标上超出 2.0 个百分点，在 ST-VQA 数据集的测试集上超过 2.1 个百分点的 ANLS 指标。在使用相同的 T5-Base 作为模型基础结构的情况下，SaL-Base 的表现也远远优于 LaTr-Base。

表 5-5　在 ST-VQA 数据集的结果

序号	模　型	验证集准确率/%	验证集编辑相似度	测试集编辑相似度
1	M4C	38.05	0.472	0.462
2	SA-M4C	42.23	0.512	0.504
3	SMA	—	—	0.466
4	CRN	—	—	0.483
5	LaAP-Net	39.74	0.497	0.485
6	LOGOS	48.63	0.581	0.579
7	TAP	50.83	0.598	0.597
8	LaTr-Base	58.41	0.675	0.668
9	LaTr‡-Base	59.09	0.683	0.684
10	LaTr‡-Large	61.64	0.702	0.696

续上表

序号	模　型	验证集准确率/%	验证集编辑相似度	测试集编辑相似度
11	SaL-Base	59.74	0.683	0.673
12	SaL‡-Base	62.29	0.708	0.697
13	SaL-Large	61.45	0.699	0.685
14	SaL‡-Large	**64.16**	**0.722**	**0.717**

5.4.3 消融实验

在本节中，从多个角度出发进行了大量对场景文字视觉问答任务及其未来发展有重大影响力的消融实验。

首先分析了 SaL 模型在 TextVQA 数据集和 ST-VQA 数据集上单独训练和联合训练，无论是使用 T5-Base 还是 T5-large 作为基础模型结构提升幅度都存在较大差距的原因，其次在 TextVQA 数据集上进行消融实验来验证 SaL 模型中不同模块的有效性。另外，为了进一步探索不同模态的输入信息的重要性以及不同的视觉特征提取器对模型性能的影响，在表 5-6 中进行了大量的实验分析。再次，为了证明 SaL 模型中空间圆位置模块的优越性，比较了 LaTr 方法中使用的布局嵌入表示（布局嵌入通过对六个一维求和来表示场景文字的绝对位置嵌入）与 SaL 模型中的空间圆位置表示在相同情况下的性能对比。最后，针对文本语义分割模块以及不同种类的变种方法，本节进行了大量实验进一步证明了 SaL 模型中所使用的文本语义分割模块是最有效的。

表 5-6　分析模型在 TextVQA 和 ST-VQA 数据集上的性能差异

模　型	数据集	Train Set		Val Set	
		长　度	数　量	比　例	准确率/%
SaL‡-large	TextVQA	≤3	324 963	0.939	64.50
		>3	21 057	0.061	51.71
	Both	≤3	549 373	0.946	65.26
		>3	31 107	0.054	49.17
	ST-VQA	≤3	224 410	0.957	62.27
		>3	10 050	0.043	38.20
	Both	≤3	549 373	0.946	64.67
		>3	31 107	0.054	46.67

1. 模型在 TextVQA 数据集和 ST-VQA 数据集上性能变化分析

从表 5-3 第 22~25 行以及表 5-5 第 11~14 行中可以观察到，本章所提出的 SaL

方法使用 T5-Base 模型作为基础模型和 T5-Large 作为基础模型时，在 TextVQA 数据集和 ST-VQA 数据集上单独训练和联合训练的性能提升幅度存在一定的差距。

具体来说，本章所提出的模型在 TextVQA 数据集的性能提升并不显著（SaL-Base从 62.42% 提高到 62.85%，在 SaL-large 上从 63.88% 提高到 64.58%），而在 ST-VQA 数据集的提升却十分明显（SaL-Base 从 59.74% 提高到 62.29%，SaL-large 从 61.45% 提高到 64.16%）。

为了探索发生这个现象的原因，本小节分析了 TextVQA 数据集和 ST-VQA 数据集中不同长度的答案的样本数量及占比以及其对应的模型准确性来解释这一现象。

从表 5-6 中可以看到，无论是在 TextVQA 数据集还是 ST-VQA 数据集中，文本长度大于 3 的答案数量远远小于长度小于等于 3 的答案数量。这样的训练数据分布会使得模型倾向于预测长度小于或等于 3 的答案，并对于预测长度较小的答案更加准确。可以看到，在 TextVQA 数据集中，长度小于 3 的答案占比仅为 0.939，在 ST-VQA 数据集中这一比例达到 0.957。这种偏差使得 ST-VQA 数据集中不同长度答案的准确性与 TextVQA 存在很大的差异，因为 ST-VQA 数据集中的训练数据分布更加不平衡。

如表 5-6 所示，单独在 TextVQA 数据集上训练，对于 TextVQA 数据集的验证集中答案长度小于 3 的准确率是 51.71%，对于 TextVQA 数据集的验证集中答案长度大于等于 3 的准确率是 64.50%，而单独在 ST-VQA 数据集上训练，由于 ST-VQA 数据集更加不平衡，对于 ST-VQA 数据集的验证集中答案长度小于 3 的准确率仅为 38.20%，对于 ST-VQA 数据集的验证集中答案长度大于等于 3 的准确率是 62.27%。

当使用 TextVQA 数据集和 ST-VQA 数据集进行联合训练时，从表 5-6 可以观察到，训练数据中长度大于或等于 3 的答案占比变为 0.946。这比 TextVQA 数据集中的比例更高，但低于 ST-VQA 数据集中的比例。这意味着联合训练使 TextVQA 数据集中的偏差更加严重，但减轻了 ST-VQA 数据集中的偏差。

因此，ST-VQA 验证集中不同长度答案的准确性有所提高，不同长度答案的准确性差距变小（从 39.20% 到 62.27% 变为从 46.67% 到 64.67%）。但是，在 TextVQA 数据集中，长度大于 3 的答案的验证集的准确性会降低，不同长度的答案之间的准确率差距会变大（从 51.71% 到 64.50% 变为从 49.17% 到 65.26%）。这使得在对两个数据集进行联合微调时，模型在 TextVQA 验证集的性能改进小于

ST-VQA 验证集的性能改进。

2. 不同模块消融实验

为了证明本章所提方法不同模块的有效性，本书参考 LaTr 方法使用基于 T5-Base 的模型在 TextVQA 数据集和 ST-VQA 数据集上分别进行了模块消融实验。

如表 5-7 的第 1 行所示，基线模型（删除所有本书提出的模块）与本书的完整模型和其他消融模型相比性能最差，在 TextVQA 数据集的验证集上准确率仅为 57. 98%，在 ST-VQA 数据集的验证集上准确率仅为 55. 78%，ANLS 指标仅为 0. 649。

表 5-7　不同模块在 TextVQA 的消融实验

序号	模　型	模　块	TextVQA 准确率/%	ST-VQA 准确率/%	ST-VQA 编辑相似度
1	Baseline	—	57. 98	55. 78	0. 649
2	Baseline	TSS	61. 55	58. 29	0. 667
3	Baseline	SCP	60. 98	57. 80	0. 666
4	Baseline	TSS + SCP	62. 42	59. 74	0. 683

如表 5-7 的第 2 行所示，在使用文本语义分割模块的情况下，模型在 TextVQA 数据集的验证集上的准确率从 57. 98% 提高到 61. 55%，在 ST-VQA 数据集上的准确率从 55. 78% 提高到 58. 29%，ANLS 从 0. 649 提升到了 0. 667。这充分验证了文本语义分割模块的有效性，同时证明了文本语义分割模块可以使模型意识到不同场景文本之间是否存在直接的语义上下文关系，进而帮助模型的答案推理过程，减少之前工作中将所有场景文本视为一个句子所产生的噪声的影响。

如表 5-7 的第 3 行所示，在添加空间圆位置模块后，模型在 TextVQA 数据集和 ST-VQA 数据集的验证集上的性能分别从 57. 98% 提高到 60. 98% 和从 55. 78% 提高到 57. 80%。同时，ST-VQA 数据集的验证集上的 ANLS 指标也提高了 1. 7 个百分点。这充分验证了空间圆位置模块的有效性，同时证明了空间圆位置模块可以帮助模型更好地定位图像中不同空间位置的 OCR 文本，并构建不同位置的 OCR 文本之间的空间关系。

如表 5-7 的第 4 行所示，同时使用文本语义分割模块和空间圆位置模块（本章所提出的完整模型），与基线模型相比在 TextVQA 数据集和 ST-VQA 数据集的验证集上的准确率分别提高了 4. 44 个百分点和 3. 96 个百分点。在 ST-VQA 数据集的验证集上的模型的 ANLS 指标与准确率保持了相同的提升趋势，提高了 3. 40 个百分点。

相比于单独使用任何一个模块，同时使用两个模块在 TextVQA 数据集和 ST-VQA 数据集上的各个性能指标均有提升，这证明了这两个模块的互补性。这些消融实验结果充分证明了本章所提的两个模块的有效性。在可视化分析部分，本书将更直观地展示这两个模块对模型答案推理过程的影响。

3. 输入中不同模态信息的消融实验

在这一小节中将探讨输入中不同模态的信息对模型性能的影响。为了更好地进行对比，实验中默认使用了自然场景中场景文字和物体的坐标信息。

结果见表 5-8。从第 1 行可以看到，当模型的输入信息只使用问题信息时，模型的准确率急剧下降到 11. 97%，从这一点可以判断，仅仅依靠问题信息而不看图片信息是无法完成场景文字视觉问答任务的。

表 5-8　输入中不同模态信息的消融实验

模型	问题	OCR 文本特征	OCR 视觉特征	物体标签	物体视觉特征	准确率/%
SaL	√	√	×	×	×	11. 97
	√	√	×	×	×	56. 17
	√	√	ViT	×	×	56. 78
	√	√	Faster R-CNN	×	×	61. 31
	√	√	Faster R-CNN	√	×	61. 97
	√	√	Faster R-CNN	√	√	62. 42

从表 5-8 中第 2 行可以看到，当输入信息为问题信息和场景文字时，模型的性能相比仅使用问题信息得到了大幅的提升，这样的操作相当于将场景文字视觉问答简化成了自然处理语言任务中的问答形式，同时可以证明场景文字信息在自然场景视觉问答任务中的重要性。

从第 3 行可以看到，与 LaTr 中的结论不同，当使用相同的 T5-Base 模型作为模型结构时，使用 Faster R-CNN 视觉特征的 OCR 性能远优于本书实验中使用 ViT 视觉特征。为此，可以考虑两个原因。第一个原因是与 ViT 相比，通过加法操作将 Faster R-CNN 特征与场景文字特征绑定。这意味着对于每个 OCR 文本，本书可以准确地融合其文本和视觉特征。但是，使用 ViT 视觉特征需要训练模型以将每个场景文字与其关联的图像块进行匹配。在训练过程中，没有监督信号来帮助场景文字匹配 ViT 特征，这使得使用 ViT 视觉特征的性能比使用 Faster R-CNN 特征的性能差得多。第二个原因是 ViT 模型需要将图片调整为 224×224，大大降低了图片的分辨率，使得 ViT 特征无法很好地表达原始图片的视觉信息。

对比第 3 行和第 4 行可以看出，添加 Faster R-CNN 提取的场景文字及其视觉信息，准确率达到61.31%，相比于使用Vit视觉提取器大幅改善了模型性能。

最后，从表5-8最后两行，可以发现物体的信息对模型性能的提升均有益处，但是相比于场景文本信息，物体信息的重要性比较有限。

4. 空间圆位置模块的优越性验证实验

为了进一步证明自然场景中场景文本之间的相对空间位置和距离的重要性以及本书提出的空间圆位置模块的优越性，将构建场景文本绝对空间位置的LaTr方法与本书提出的空间圆位置模块进行比较实验（见表5-9，* 表示无视觉特征）。

表5-9　空间圆位置模块的优越性验证

序号	模　型	模　块	验证集准确率/%
1	LaTr*	—	50.37
2	LaTr*	layout embedding	51.22
3	SaL*	—	53.51
4	SaL*	layout embedding	54.56
5	SaL*	SCP	55.95

为了进行公平比较，本章提出的模型和LaTr都只输入问题和场景文本模态信息（没有视觉特征）。

如表5-9中第1行和第2行所示，使用构建全局信息的布局嵌入来表示自然场景文本的空间位置使得LaTr模型在TextVQA验证集中的准确性提高了0.85个百分点。

从表5-9中第3行和第4行可以发现，在本书提出的SaL模型中使用Latr方法的布局特征嵌入表示后，模型在TextVQA数据集的验证集的准确率从53.51%提高到了54.56%。

对比表5-9中第3行和第5行可以发现，当使用空间圆位置模块表示自然场景中每个场景文本之间的相对空间位置关系时，SaL模型在TextVQA数据集的验证集上的准确率从53.51%提高到55.95%。这充分证明了本章所提的空间圆位置模块优于LaTr所提出的布局特征嵌入表示方法，也证明了在场景文字视觉问答任务中建模场景中不同文字的相对位置距离和关系比绝对距离和位置更重要。

5. 文本语义分割模块及其变种模块分析实验

本小节研究不同场景文字分割方法的效果，实现标记分割方法和索引分割方法。

如图5-4所示，为了更加直观地解释不同方法的区别，本小节实验省略了图中每个OCR文本的坐标特征。

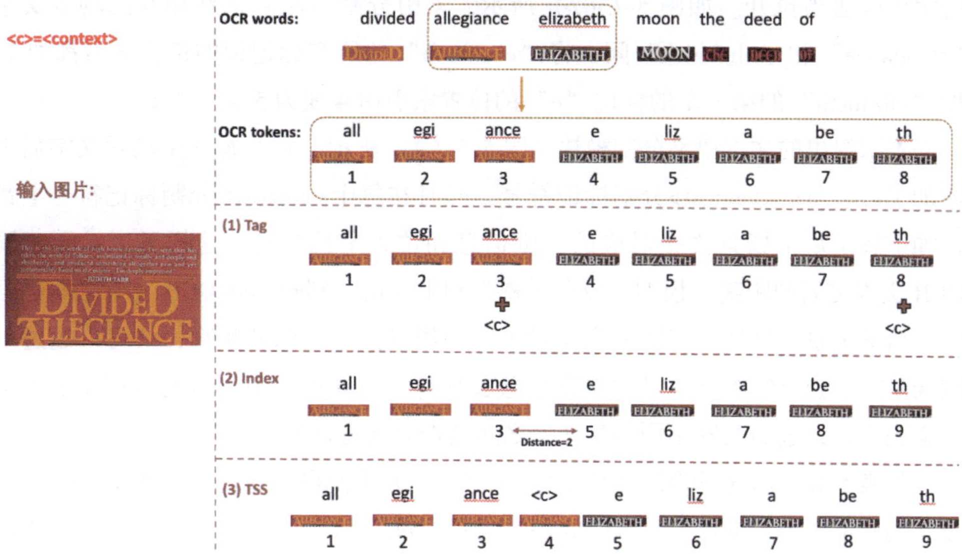

图 5-4　有关不同场景文字分割方法的详细信息

对于左侧包含复杂文本的自然场景图片，首先使用光学字符识别系统将其中所有的场景文字识别出来，之后通过 T5 的分词器将光学字符识别系统识别到的所有场景文字转化为场景文字标记。对于属于同一个场景文字的不同标记使用相同的视觉信息，然后整体按照顺序对齐进行位置编码索引排序，因此，对于每个场景文字特征输入，它包含场景文字特征、场景文字视觉特征、场景文字坐标信息及其位置编码索引信息。

标记分割方法首先将可学习的<context>分割标记符号添加到每个场景文字最后一个标记上，以此告诉模型该标记是每个场景文字的最后一个标记，从而间接地让模型学习到当前文字是否应该和下一个文字分割开。例如，在图 5-4（1）中，可以看到标记分割方法将“allegiance”最后的标记“ance”与分割标记符号<context>相加，从而和“elizabeth”的第一个的标记“e”产生区分，对于每个相邻的场景文字均如此处理，进而让模型间接地去学习到每个场景文字是否存在语义相关性。

索引分割方法是通过直接移动其相邻场景文字最后一个文字标记和第一个文字标记的位置索引距离将不同的场景文字适当拉远，而不是在每个场景文字最后一个标记上加上<context>进行分割。简单地讲，标记分割变体为模型提供了一个嵌入，用于学习场景文字之间的上下文，索引分割变体告诉模型不同场文字之间的距离应适当拉开。如图 5-4（2）所示，索引分割方法直接在相邻的场景文字“allegiance”和“elizabeth”间，将“elizabeth”的所有标记词的位置索引都加 1，即“elizabeth”的第一个的标记“e”的位置索引由 4 变为 5。

本章提出的文本语义分割模块如图 5-4（3）所示，它在每一个场景文字后都添加了可学习的<context>分割标记符号，同时在每个<context>分割标记符号上都添加上属于每个场景文字对应的视觉信息和位置坐标信息。这样可以缩短不同 OCR 文本之间的距离，模型可以通过视觉和坐标信息判断不同 OCR 文本之间是否存在语义关系。这样一来既适当拉远了不同场景文字之间的距离，又可以通过不同场景文字独有的视觉信息和位置信息去判断不同场景文字之间是否存在上下文语义关联性，进而判断不同场景文字之间是否应该进行分割。

如表 5-10 第 1 行和第 2 行所示，标记分割方法使得基线模型的在 TextVQA 数据集的验证集上的准确率从 57.98% 提升到了 59.74%；从表 5-10 第 1 行和第 3 行可以观察到索引分割方法将基线模型的准确率从 57.98% 提升到了 60.07%；从表 5-10 第 1 行和第 4 行可以看到，与这些变体相比，本章提出的文本语义分割模块实现了最佳性能，将基线模型的准确率从 57.98% 提升到了 61.55%。本章分析认为这是因为与标记分割方法和索引分割方法相比，本章提出的文本语义分割模块同时可以达到标记分割方法和索引分割方法变体的目的。

表 5-10　文本语义分割模块及其变体的消融实验

序号	模　型	方　法	验证集准确率/%
1	Baseline	—	57.98
2	Baseline	Tag	59.74
3	Baseline	Index	60.07
4	Baseline	TSS	61.55

这三种分割方法均使得基线模型的性能得到提升，进一步强调了本章判断场景文字上下文语义并以此决定是否分割不同场景文字的动机。与这些变体相比，本章提出的文本语义分割模块实现了最佳性能，表明了其优越性，因为文本语义分割模块同时可以达到两种 OCR 文本分割方法变体的目的。

5.4.4　可视化分析

为了进一步直观地验证本章所提出方法的有效性，在这一小节中给出了一些 TextVQA 验证集中的可视化案例对比 M4C 模型、基线模型和 SaL 模型的答案对比。

如图 5-5（a）所示，由于 M4C 模型和基线模型都没有考虑到场景文字之间是否具有语义相关性，因此图中的所有场景文字被直接作为句子进行拼接处理。所以，M4C 模型和基线模型将同一行的文本“fine food & spirits”作为答案输出。在文本语义分割模块的帮助下，本章所提的 SaL 模型首先通过场景文字的视觉信息和空间信息判断不同文本之间是否存在语义关系，然后学习到哪些场景文字之间应该分割，哪些场景文字之间不应该分割，最后通过推理给出正确的答案“fine food”。

提供什么类型的食物？
OCR Tokens:
... / Ivy's / FINE / FOOD / & / SPIRITS
m4c: fine food & spirits
baseline: fine food & spirits
ours: fine food

（a）

瓶子上的医生名字是什么？
OCR Tokens:
Dr. / Dr. / Dr. / er's / Laffer's / Laffer's / Laffer / ...
m4c: trickle
baseline: dr. dr. dr. er's laffer
ours: dr.laffer

（b）

对哪个号码投了反对票？
OCR Tokens:
... / 30 / NO / TheOnProp20.com / ON / 32 / ...
m4c: 30
baseline: 30
ours: 32

（c）

时钟上显示为多少分钟？
OCR Tokens:
... / 20:00 / BUTLER / 0 / T.O.L / PERIOD / ...
m4c: 0
baseline: 0
ours: 20:00

（d）

图 5-5　可视化样例

从图 5-5（c）、（d）可以看出，对于具有多个场景文字的图片，本章所提出的 SaL 模型可以更好地对它们之间复杂的空间位置关系进行建模，并基于推理得到正确答案。具体来说，在图 5-5（c）中，“32”和“NO”之间的空间位置距离关系更近，基线使用“30”作为答案，因为它根据阅读顺序（从左到右、从上到下）更接近“NO”。

图 5-5（b）可以更好地反映本书的文本语义分割模块和空间圆位置模块的作用。可以看出，基线模型根据阅读顺序直接将“dr. dr. er's afer”拼接在一起作为答案，而本书提出的 SaL 模型则考虑文本的语义和 OCR 文本之间的空间位置关系，从而给出正确的答案。

小　结

对于场景文字视觉领域，本章内容证明了以前的工作对于场景文字处理是不合理的。以前的工作通过将所有场景文本强行拼接成一个句子，为模型的推理过程增加了噪声。本书提出的文本语义分割模块有效地判断了复杂自然场景中不同的场景文字的是否存在语义关联性以及帮助模型分割不具备语义关联性的场景文字。此外，场景文字的空间位置建模对于模型理解场景文字在图片中不同位置的复杂空间位置关系非常重要。但是，以前工作中使用的一维位置嵌入不能合理地表达这种关系。本章提出的空间圆位置模块可以更好地反映自然场景中每个场景文字与其他场景文字之间的空间位置距离及关系。它可以使模型更准确地定位在自然场景中的不同场景文字间的相对位置。通过这两个模块，本章提出的 SaL 模型在 TextVQA 数据集和 ST-VQA 数据集上多个评价指标都实现了当前最优的性能，并且无须大量的预训练数据开销和复杂的特定的预训练任务。

第 6 章 基于图像分割和匹配的场景文字视觉问答方法

在前两章中，本书从提升模型对于理解场景文字语义含义和差异的能力的角度和模型对于自然场景中的文字间的语义关联性及构建场景文字复杂的二维空间关系的角度出发，增强了模型对于多种模态信息的表示、理解和推理能力，然而模型仍然不能显式地将自然场景中具备语义关联性的场景文字和不具备语义关联性的场景文字区分开，因此如何显式地将自然场景中具有强关联度的场景文字聚类在一起，进而提供给模型明确的先验知识，成为迫切需要解决的问题。因此，本章探索了基于图像分割和匹配的场景文字视觉问答方法来解决此问题，分别从研究动机、整体方法、实验结果分析以及可视化分析等方面对所提方法进行详细介绍。

6.1 图像分割与匹配在场景文字视觉问答中的应用

场景文字视觉问答任务（TextVQA）旨在通过理解场景文字和图像中的视觉信息之间的交互来回答有关场景文字的问题。它要求模型不仅能够区分场景文字之间的上下文关系，而且具有基于各种模式进行推理和提供答案的能力。如果能够将自然场景中具有强相关性的场景文字聚类起来，将不具备相关性的场景文字区分开来，那么就可以明确地提供给模型先验知识，减小模型推理答案的难度，帮助模型后续理解问题与场景文字以及答案的推理过程。

之前的方法 LOGOS 使用 DBSCAN 模型来聚类，此方法只考虑到了场景文字文本框的坐标位置信息，这会导致距离较近的场景文字聚为一类，即使它们并不存在语义相关性。如图 6-1（a）中 LOGOS 将“GARDINER”与其距离较近但属于不同书本上的“and”分为一类，很明显它们不属于同一个载体，因此它们之间其实并不存在语义相关性。这种错误的先验知识会影响后续模型的推理过程。

近年来大规模型预训练模型的涌现为场景视觉文本问答任务带来了新的机遇和挑战。其中SAM模型得益于大规模的训练数据以及训练策略，可以根据坐标点、坐标框等信息将对应点或框中的物体或文本进行分割［见图6-1（b）］，这使得可以根据场景文字所在位置的视觉信息将场景文字从背景中分割出来，由此如何使用视觉信息完成自然场景中文本的聚类成为待解决的问题。

（a）LOGOS结果

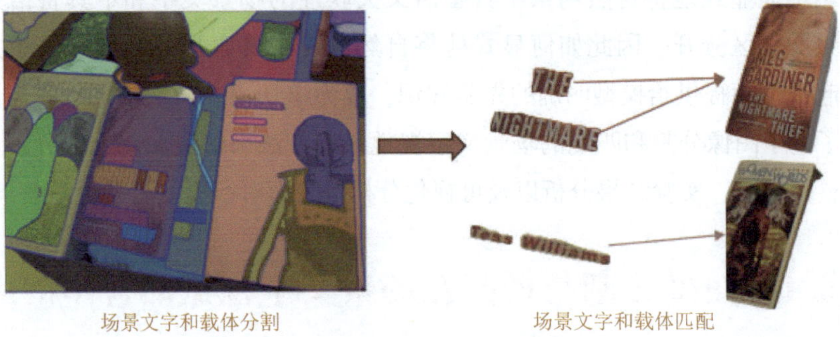

（b）STM结果

图6-1　之前的聚类方法和STM方法的示例

为了解决上述挑战，本章提出先分割后匹配方法。不同于以前仅依赖空间位置进行场景文字聚类的方法，该方法的出发点是基于场景图像中相同载体的文本语义相关性较强而不同载体上的文本语义相关性较差的事实，因为场景中的文字都是具有载体的，同一载体上的场景文字语义强相关，不同载体上的场景文字语义弱相关。通过将场景中哪些文字是语义强相关的先验知识输入模型当中，可以减小模型推理问题答案的难度。

本章提出的先分割后匹配方法（STM）首先提出了场景文字载体分割和匹配（OSM）模块。该模块基于分割一切模型（SAM），从视觉信息角度出发，在场景图像中分割出场景文字及其对应的载体；之后，通过基于视觉区域交并比的匹配技术，将每个场景文字分配到其对应的文字载体上。此外，本方法提出了分层视觉特征融合（HVFF）模块，该模块通过集成不同粒度级别的视觉信息来帮助模型理解各个场景文字之间的上下文关系。为了验证该方法的动机，本章在表 3-4 中提供了实验结果，证明不同文本的视觉信息确实有助于模型确定不同文本的语义相关性。

通过这两个模块，本章提出的先分割后匹配方法有效地定位了每个场景文字的载体，促进场景文字对齐和上下文关系推断，给模型提供了显示的场景文字之间的上下文关系先验知识，有效地帮助模型减小推理场景文字相关问题答案的难度。本方法在 TextVQA 数据集和 ST-VQA 数据集上进行了广泛的实验，证明了本方法在这两个常用数据集上都超越了之前的最优方法，证明了本章提出方法的有效性。

6.2　技术背景与方法论

6.2.1　基于文本聚类技术的场景文字视觉问答方法

LOGOS 是第一个从聚类角度将自然场景中的场景文字区分开，进而提供给模型哪些场景文字相关性强以及哪些场景文字相关性弱的先验知识的方法，它能够帮助模型减小场景文字视觉问答任务的推理难度，然而由于 LOGOS 仅仅使用了传统的聚类方法 DBSCAN，而 DBSCAN 方法仅仅通过每个场景文字的长度、宽度以及位置坐标等空间位置信息来将不同的场景文字进行简单的聚类，这在自然场景中显然是不合理的，因为很多空间位置距离近的场景文字可能实际上并不存在任何语义相关性。

6.2.2　基于 SAM 的视觉语言模型

Grounded-SAM 模型基于 SAM 模型进行了进一步的扩展，不同于 SAM 分割全图、按点分割区域以及按坐标框分割区域，Grounded-SAM 模型可以通过自然语言文本进行检测和分割任务。同时，Grounded-SAM 模型通过输入文本对检测区域可以图像编辑。Med-SA 模型基于 SAM 模型和 adapter 机制，使得其可以扩展到医学图像领域。Semantic-SAM 模型可以输出不同粒度的多级语义分割图，同时可以通过文本提示进行分割、实力分割、多层级语义分割以及多层级图像编辑。Gaussian Grouping 模型将 SAM 模型结合 Gaussian Splatting，使其可以对于 3D 场景进行分割。

6.3 基于图像分割和匹配的场景文字视觉问答方法

本章提出的基于图像分割和匹配的场景文字视觉问答方法基于以下事实：在自然场景中每个场景文字都具有一个载体，而同属一个载体的场景文字更倾向于是语义相关的，属于不同载体的场景文字是倾向于语义无关的。

如图 6-2 所示，该方法首先提出了场景文字载体分割和匹配（OSM）模块，该模块利用 SAM 模型强大的分割能力，先从全图进行分割找出自然场景中所有的载体，之后通过光学字符识别系统识别到的场景文字的边界框分割出所有场景文字，最终通过设计的匹配算法帮助自然场景中每个场景文字找到其载体。

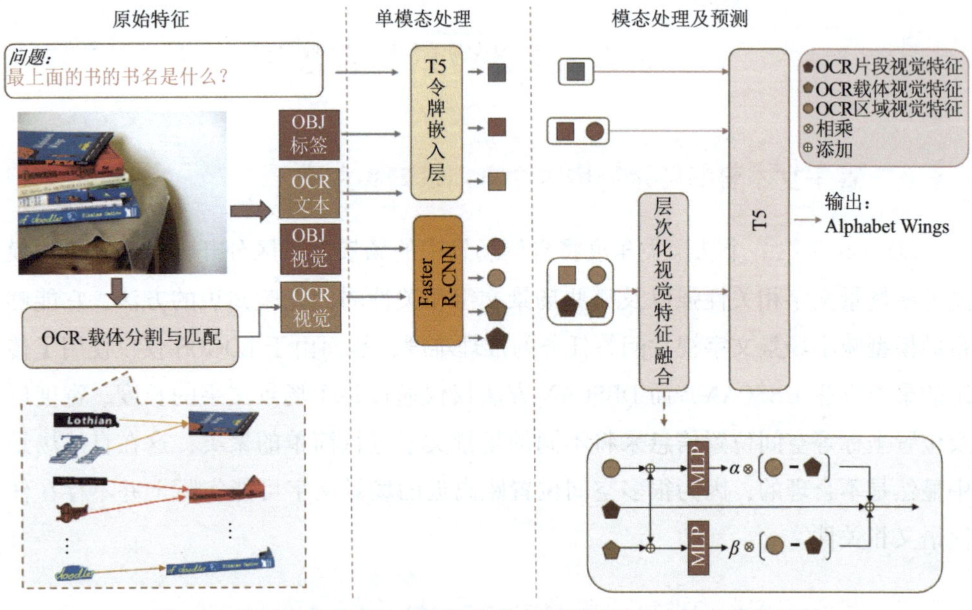

图 6-2　基于图像分割和匹配的场景文字视觉问答方法的整体框架

之后，该方法提出了分层视觉特征融合（HVFF）模块，该模块可以使得模型从不同粒度的视觉信息来判断自然场景中不同的场景文字是否存在语义上的相关性，帮助模型从多个视觉角度理解场景图中的文字信息，最终帮助模型推理答案。

本节将介绍本章所提出模型的整个构建过程。首先介绍模型的多模态特征提取模块，之后介绍场景文字载体分割和匹配（OSM）模块，最后详细阐述分层视觉特征融合（HVFF）模块。其中多模态特征提取模块分别提取问题、文本及物体的视觉特征、文本及物体的语义特征；文字载体分割和匹配模块基于 SAM 模型和本章设计的匹配算法将自然场景中所有的场景文字分配到场景中不同的载体上；分层视觉特征融合模块通过构建特殊的网络结构帮助模型从多个粒度学习到不同场景文字的视觉关联性，进而判断其语义关联性。

6.3.1 多模态特征提取模块

1. 问题文本特征

参考 LaTr 模型，该模块使用 T5 token 嵌入层将问题文本转换为问题特征嵌入 $Q=\{q_i\}_{i=1}^{L}$，其中 $q_i\in\mathbf{R}^d$ 是第 i 个问题文本的嵌入特征，L 是问题文本的长度，d 是问题文本特征的维度。

2. 场景文字特征

对于光学字符识别系统在输入的自然场景图像中识别到的场景文字，该模块使用了三种不同的特征：①由预训练好的 Faster R-CNN 模型提取的视觉特征 $x_i^{\mathrm{ocr,fr}}$；②场景文字相应边界框 $x_i^{\mathrm{ocr,bx}}=\left[\frac{x_i^{\min}}{W},\frac{y_i^{\min}}{H},\frac{x_i^{\max}}{W},\frac{y_i^{\max}}{H}\right]$；③T5 嵌入层产生的文本嵌入 $x_i^{\mathrm{ocr,t5}}$。其中 $x_i^{\min}$ 代表文本边界框的左上角 x 坐标，$y_i^{\min}$ 代表文本边界框的左上角 y 坐标，$x_i^{\max}$ 代表文本边界框的右下角 x 坐标，$y_i^{\max}$ 代表文本边界框的右下角 y 坐标，W 代表图片的宽度，H 代表图片的高度。最终的场景文字特征为

$$x_i^{\mathrm{ocr}}=\mathrm{T5LN}(W_{\mathrm{fr}}x_i^{\mathrm{ocr,fr}})+\mathrm{T5LN}(W_{\mathrm{bx}}x_i^{\mathrm{ocr,bx}})+W_{\mathrm{t5}}x_i^{\mathrm{ocr,t5}} \tag{6-1}$$

3. 物体特征

为了获得图片中的物体特征，该模块使用与场景文字特征中提到的相同的 Faster R-CNN 模型提取视觉信息：

$$x_i^{\mathrm{obj}}=\mathrm{T5LN}(W'_{\mathrm{fr}}x_i^{\mathrm{obj,fr}})+\mathrm{T5LN}(W'_{\mathrm{bx}}x_i^{\mathrm{obj,bx}})+W'_{\mathrm{t5}}x_i^{\mathrm{obj,t5}} \tag{6-2}$$

其中，$x_i^{\mathrm{obj,fr}}$ 是外观特征；$x_i^{\mathrm{obj,bx}}$ 是边界框特征；$x_i^{\mathrm{obj,t5}}$ 是对应于物体标签的 T5 词嵌入特征。

因此，最终输入特征为

$$\mathrm{input}=\mathrm{cat}(X^q,X^{\mathrm{ocr}},X^{\mathrm{obj}}) \tag{6-3}$$

其中，X^q 是问题嵌入特征；X^{ocr} 是 OCR 嵌入特征；X^{obj} 是物体嵌入特征；cat 表示拼接函数。

6.3.2 场景文字载体分割和匹配模块

之前的方法利用自然场景中场景文字的空间信息来对不同的场景文字进行聚

类。借助聚类结果，模型可以确定不同场景文字之间的语义关联性。然而，仅仅依靠场景文字的空间信息进行聚类可能会导致空间上接近但没有语义关系的场景文字被分到一类中。

与这些方法不同，本节提出的场景文字载体分割和匹配模块基于以下事实：同一载体上的场景文字往往具有语义关联，而不同载体上的场景文字往往没有语义关联。

为了在模型推理答案的过程之前找到每个场景文字载体，具体设计思路如下：

（1）使用 SAM 模型先对整个自然场景图进行分割，从而找到自然场景中所有的文字载体。

（2）使用预先检测到的场景文字的坐标框分割出场景文字。

（3）将（2）中得到的每一个场景文字与（1）中所有文本载体区域使用 IoU 等方式进行匹配，使得每一个场景文字找到其所属文字载体。

（4）通过上述三个步骤，最终将属于同一载体的场景文字分为一类。

（5）根据以上聚类结果，本书将每个场景文字的视觉信息、SAM 模型分割后的视觉信息以及场景文字聚类匹配到的文本载体视觉信息作为最终的视觉信息，帮助模型的后续推理。

以上步骤的原理是文字是信息的载体，同时文字也记录在不同载体上，同属同一载体的文本天然地具有语义相关性，属于不同载体的文本语义相关性不大。因此，通过这种方式可以将自然场景中的场景文字进行聚类，根据不同的载体判断不同场景文字的语义关联性。具体匹配过程算法如下：

场景文字载体分割和匹配模块算法

要求：Segment Anything model sam

输入：自然场景图 I，场景文字区域坐标 B

输出：场景文字分割图 O_S场景文字分割坐标 O_B，载体分割图 C_S载体分割坐标 C_B，场景文字-载体索引 O_C

C_S，C_B = sam（I）

O_S，O_B = sam（B）

for all i in range 0 to len（O_S）-1 **do** $O_C^i = 0$

    for all j in range 0 to len（C_S）-1 **do**

        if $O_B^i \in C_B^j$ **then**

            $O_C^i = (i, \mathrm{Index}(\max(O_C^i, \mathrm{IoU}(O_S^i, C_S^j))))$

        end if

    end for

end for

Return O_S，O_B，C_S，C_B，O_C

6.3.3　分层视觉特征融合模块

为了促进基于视觉信息的场景文字的上下文理解，本书提出了分层视觉特征融合模块。分层视觉特征融合模块通过利用场景文字的区域视觉特征、场景文字的分段视觉特征以及场景文字载体的视觉特征，能够全面理解场景图像中场景文字之间的上下文。如图 6-2（c）所示，分层视觉特征融合模块中设计了一种多级门控机制，其公式为

$$\begin{cases} \alpha = \mathrm{MLP}(x_i^{\mathrm{ocr,fr}} + x_i^{s,\mathrm{fr}}) \\ \beta = \mathrm{MLP}(x_i^{c,\mathrm{fr}} + x_i^{s,\mathrm{fr}}) \\ x_{\mathrm{final},i}^{\mathrm{ocr,fr}} = \dfrac{\alpha * (x_i^{c,\mathrm{fr}} - x_i^{s,\mathrm{fr}}) + \beta * (x_i^{\mathrm{ocr,fr}} - x_i^{s,\mathrm{fr}})}{2} + x_i^{s,\mathrm{fr}} \end{cases} \tag{6-4}$$

其中，$x_i^{\mathrm{ocr,fr}}$ 是场景文字的边界框视觉特征；$x_i^{s,\mathrm{fr}}$ 是场景文字的分割视觉特征；$x_i^{c,\mathrm{fr}}$ 是场景载体的视觉特征；$x_{\mathrm{final},i}^{\mathrm{ocr,fr}}$ 是场景文字最终的视觉特征。

α 会根据场景文字的边界框的视觉特征以及场景文字分割的视觉特征来调控场景文字载体的视觉特征与场景文字分割视觉特征的差异，β 会根据场景文字的载体的视觉特征以及场景文字分割的视觉特征来调控场景文字边界框的视觉特征与场景文字分割视觉特征的差异，然后更新输入特征中的场景文字视觉特征部分，并帮助 T5 模型在预测最终答案之前理解场景文字之间的上下文关系。

6.3.4　训练损失

本章方法使用二元交叉熵损失来训练模型。由于样本中的问题有多个答案，因此可以将其转换为多标签分类问题。二元交叉熵损失可以定义为

$$\begin{cases} \mathrm{pred} = \dfrac{1}{1 + \exp(-y_{\mathrm{pred}})} \\ L_{\mathrm{bce}} = -(y_{\mathrm{gt}} \lg(\mathrm{pred}) + (1 - y_{\mathrm{gt}}) \lg(1 - \mathrm{pred})) \end{cases} \tag{6-5}$$

其中，y_{pred} 是预测答案分布；y_{gt} 是真实答案标注。

6.4　实验结果与分析

本节首先在两个主要数据集 TextVQA 数据集和 ST-VQA 数据集上验证了本章

提出的基于图像分割和匹配的场景文字视觉问答方法的有效性。在 6.4.1 节中详细介绍该方法的实验设置和训练细节；在 6.4.2 节中将详细对比和分析在 TextVQA 数据集上 STM 方法与基线模型和当前最优的方法的性能；在 6.4.3 节中将在 ST-VQA 数据集上详细对比和分析 STM 方法与基线模型和当前最优的方法的性能；在 6.4.4 节中进行大量详细的消融实验以验证本方法提出的场景文字载体分割和匹配模块和分层视觉特征融合模块的有效性，并且探索场景文字的视觉信息对判断文字语义相关性的作用；在 6.4.5 节中展示了 M4C 模型、基线模型以及本方法的可视化结果对比样例。

参考 LaTr 方法中的表示方法，本章使用 ‡ 来指代在 TextVQA 数据集和 ST-VQA 数据集上同时训练的模型的结果。“-Base” 和 “-Large” 模型大小分别指基于 Transformer 编码器和解码器中具有 12+12 和 24+24 层的基础模型网络。为了与以前的方法进行公平的比较，在本章中将以前的方法分为非预训练方法和需要大量预训练大量数据和特定预训练任务的预训练方法。本书的方法默认使用 Amazon OCR，以方便与以前的方法进行更公平的比较。

6.4.1 实验设置

在本节中总结了 STM 模型结构参数和超参数设置。所有实验均基于 PyTorch 深度学习框架。

本模型由三个主要组件组成：多模态输入、多层 Transformer 编码器和多层 Transformer 解码器。在训练期间，使用教师强制方法迭代地预测和监督答案生成。对 T5 的词汇表分数采用多标签 sigmoid 损失函数来监督训练的学习过程。表 6-1 和表 6-2 中列出了本模型的网络结构和优化参数信息。

表 6-1 基于图像分割和匹配的场景文字视觉问答方法网络结构

网络参数	值	网络参数	值
问题文本最大长度	45	多种模态统一映射的特征维度	768
场景文字最大长度	350	Transformer 编码器层数	12
场景物体最大长度	250	Transformer 解码器层数	12
场景文字 Faster R-CNN 特征维度	2 048	多头 Transformer 头数量	12
场景物体 Faster R-CNN 特征维度	2 048	最大输出答案长度	25

表 6-2　基于图像分割和匹配的场景文字视觉问答方法超参数设置

优化参数	值	优化参数	值
优化器	Adam	Warm-up 比例系数	0.2
基础学习率	2×10^{-4}	批量大小	36
学习率衰减系数	0.1	最大轮数	24 000
Warm-up 轮数	1 000	学习率衰减所在轮数	14 000，19 000

6.4.2　对比实验

1. 在 TextVQA 数据集上的对比实验

如表 6-3 第 16 行所示，在使用 Amazon-OCR 的情况下，本书方法在 TextVQA 的验证集中达到了 63.10% 的准确率，在 TextVQA 的测试集中达到了 62.87% 的准确率，相比之前的最优方法方法 LaTr，STM 方法在 TextVQA 数据集的验证集上准确率高出 5.07 个百分点，在 TextVQA 数据集的测试集上准确率高出 4.01 个百分点。由于 STM 方法和 LaTr 使用了相同的基线模型，因此这证明了方法的有效性和优越性。

表 6-3　在 TextVQA 数据集上模型性能的比较

模　型	预训练数据	额外微调	验证集准确率/%	测试集准确率/%
M4C	—	—	39.40	39.01
LaAP-Net	—	—	40.68	40.54
CRN	—	—	40.39	40.96
BOV	—	—	40.90	41.23
SC-Net	—	—	41.17	41.42
SA-M4C	—	ST-VQA	45.40	44.60
SMA	—	ST-VQA	—	45.51
LOGOS	—	ST-VQA	51.53	51.08
TWA	—	ST-VQA	52.70	52.40
TAG	TextVQA，ST-VQA	ST-VQA	53.63	53.69
TAP	TextVQA，ST-VQA，TextCaps，OCR-CC	ST-VQA	54.71	53.97
LaTr-Base	IDL	—	58.03	58.86

续上表

模　型	预训练数据	额外微调	验证集准确率/%	测试集准确率/%
LaTr‡-Base	IDL	ST-VQA	59.53	59.55
LaTr-Large	IDL	ST-VQA	59.76	59.24
LaTr‡-Large	IDL	ST-VQA	61.05	61.60
STM-Base	—	—	63.10	62.87
STM‡-Base	—	ST-VQA	63.52	62.91
STM-Large	—	—	64.86	65.18
STM‡-Large	—	ST-VQA	**66.11**	**65.25**

如表6-3第18行所示，在使用T5-large作为模型基础结构的情况下，本章所提方法STM-Large在TextVQA的验证集中达到了64.86%的准确率，在TextVQA的测试集中达到了65.18%的准确率。相比之前的最优方法方法LaTr，STM方法在TextVQA数据集的验证集上准确率高出5.10个百分点，在TextVQA数据集的测试集上准确率高出5.94个百分点。

当模型在TextVQA数据集和ST-VQA数据集进行联合训练的情况下，本章所提方法在TextVQA数据集的验证集和测试集上分别实现了66.11%和65.25%的准确率。本书的方法分别比具有相同配置的最优方法LaTr-large方法准确率高出5.06个百分点和3.65个百分点。

在使用不同的基础模型结构以及在单一数据集或多个数据集联合训练的情况下，本章所提出的基于图像分割和匹配的场景文字视觉问答方法均优于之前的最优方法，这充分证明了本章方法的有效性。

2. 在TextVQA数据集上与大模型对比实验

与大规模预训练多模态模型对比具有一定的必要性。大规模预训练多模态模型中对于TextVQA有两种准确率指标设置。本小节仅和TextVQA领域其他模型一样使用严格的准确率指标的大模型进行对比，不和使用宽松的准确率指标的大模型进行对比。使用宽松的准确率指标指的是只要答案文本出现在了模型的回答中即算其正确。

如表6-4第1行所示，PaLi-3B模型在TextVQA数据集上达到了60.12%的准确率，但是它的参数有30亿。如表6-4第2行所示，GIT模型在TextVQA数据集上达到了59.93%的准确率，但是它的参数有7亿。如表6-4第3行所示，Flamingo

模型在 TextVQA 数据集上达到了 57.10% 的准确率，但是它的参数有 800 亿。如表 6-4 第 4 行所示，LLaVA-1.5 模型在 TextVQA 数据集上达到了 58.20% 的准确率，但是它的参数有 70 亿。如表 6-4 第 5 行所示，InstructBLIP 模型在 TextVQA 数据集上达到了 50.70% 的准确率，但是它的参数有 130 亿。而 STM 模型在达到 63.52% 的准确率同时只有 2.5 亿的参数量。可以看出 STM 模型在使用更少参数的情况下，达到了更好的性能。此外，STM 模型在部署过程中的资源消耗比多模态预训练模型更低。

表 6-4　在 TextVQA 数据集与大模型对比的结果

序号	模　型	参 数 量	验证集准确率/%
1	PaLI-3B	3B	60.12
2	GIT（0.7B）	0.7B	59.93
3	Flamingo	80B	57.10
4	LLaVA-1.5	7B	58.20
5	InstructBLIP	13B	50.7
6	STM-Base（Ours）	0.25B	63.52

3. 在 ST-VQA 数据集上的对比实验

从表 6-5 中最后一行可以看出，本章所提的 STM‡-Large 模型在 ST-VQA 数据集的验证集准确率达到 64.95%，ST-VQA 数据集的验证集上的 ANLS 指标为 0.728，在测试集上的 ANLS 指标为 0.730，均远远超过之前的最优方法 LaTr。

具体来说，本章所提的 STM‡-Large 模型在 ST-VQA 验证集上比 LaTr‡-Large 准确率高出 3.31 个百分点，在 ST-VQA 验证集上比 LaTr‡-Large 高出 2.60 个百分点的 ANLS，在 ST-VQA 测试集上比 LaTr‡-Large 高出 3.40 个百分点的 ANLS。同样，STM-Base 的性能也远远优于 LaTr-Base。

通过对两个不同的数据集进行充分的比较实验，发现本章所提的方法均远优于之前的最优方法。

表 6-5　在 ST-VQA 数据集上的对比实验

模　型	验证集准确率/%	验证集编辑相似度	测试集编辑相似度
M4C	38.05	0.472	0.462
SA-M4C	42.23	0.512	0.504

续上表

模 型	验证集准确率/%	验证集编辑相似度	测试集编辑相似度
SMA	—	—	0. 466
CRN	—	—	0. 483
LaAP-Net	39. 74	0. 497	0. 485
LOGOS	48. 63	0. 581	0. 579
TAP	50. 83	0. 598	0. 597
LaTr-Base	58. 41	0. 675	0. 668
LaTr‡-Base	59. 09	0. 683	0. 684
LaTr‡-Large	61. 64	0. 702	0. 696
STM-Base	60. 39	0. 692	0. 680
STM‡-Base	63. 13	0. 715	0. 712
STM-Large	61. 95	0. 701	0. 705
STM‡-Large	**64. 95**	**0. 728**	**0. 730**

6. 4. 3 消融实验

在本节中，首先分析本章提出的不同模块在 TextVQA 数据集上的性能改进；其次，为了验证本章所提方法的出发点，分析了场景文字语义和场景文字视觉信息对模型性能的影响，并证明了场景文字的视觉信息是能够帮助模型判断不同文字语义相关性的；最后，探索了不同粒度场景文字视觉信息对模型性能的影响，并验证了本章所提的分层视觉特征融合模块的优越性。

1. 不同模块消融实验

为了证明本章所提方法不同模块的有效性，本书参考 LaTr 方法使用基于 T5-Base的模型在 TextVQA 数据集和 ST-VQA 数据集上分别进行了模块消融实验。

如表 6-6 的第 1 行所示，基线模型（删除所有本书提出的模块）与本书的完整模型和其他消融模型相比性能最差，在 TextVQA 数据集的验证集上准确率仅为 61. 55%，在 ST-VQA 数据集的验证集上准确率仅为 58. 29%，ANLS 指标仅为 0. 667。

如表6-6 的第 2 行所示，在使用了场景文字载体分割和匹配模块的情况下，模型在 TextVQA 数据集的验证集上的准确率从 61. 55% 提高到 62. 16%，在 ST-VQA

数据集上的准确率从 58. 29% 提高到 59. 44%，ANLS 从 0. 667 提升到了 0. 682。这充分验证了场景文字载体分割和匹配模块的有效性，证明了场景文字载体分割和匹配模块可以有效地将自然场景中的文字与其所属载体匹配，同时证明了提供给模型每一个场景文字属于哪个载体这样显式的先验知识可以帮助模型减小答案推理过程的难度。

如表 6-6 的第 3 行所示，同时使用场景文字载体分割和匹配模块和分层视觉特征融合模块（本章所提出的完整模型），与基线模型相比，在 TextVQA 数据集和 ST-VQA 数据集的验证集上的准确率分别提高了 1. 55 个百分点和 2. 10 个百分点。在 ST-VQA 数据集的验证集上的模型的 ANLS 指标与准确率保持了相同的提升趋势，提高了 2. 50 个百分点。

相比于单独使用场景文字载体分割和匹配模块，当同时使用场景文字载体分割和匹配模块和分层视觉特征融合模块，模型在 TextVQA 数据集和 ST-VQA 数据集上的各个性能指标均有提升，这证明了这两个模块的互补性。这些消融实验结果充分证明了本章所提的两个模块的有效性。

表 6-6　不同模块在 TextVQA 数据集和 ST-VQA 数据集上的消融实验

模　　块	TextVQA	ST-VQA	ST-VQA
	准确率/%	准确率/%	编辑相似度
Baseline	61. 55	58. 29	0. 667
OSM	62. 16	59. 44	0. 682
OSM + HVFF	63. 10	60. 39	0. 692

2. 探索场景文字视觉信息和语义信息作用的消融实验

为了验证场景文字的视觉信息对场景文字语义关联性的影响，本书首先探索了场景文字视觉问答中场景文字视觉信息是否可以帮助模型判断不同场景文字的语义关联性的消融实验。

从表 6-7 中第 1 行和第 2 行可以观察到，场景文字排序对性能影响极大，当将场景文字进行随机打乱后，基线模型在 TextVQA 数据集的验证集的准确率从 61. 55%下降到了 58. 72%，准确率下降了 2. 83 个百分点。这是因为自然场景中的文字输入模型前是阅读顺序排序的，这种操作可能可以将一些具有语义关联的场景文字自然地拼接在一起。这一结果证明了场景文字语义关联性对模型性能影响极大。

表 6-7 中第 3 行和第 4 行的结果表明了场景文字的视觉信息不受排列顺序的影

响，因为打乱场景文字后模型的性能基本不变。

从表6-7第5行和第6行可以发现，在使用ViT视觉特征后模型性能可以得到提升，从56.14%上升到了56.98%，但是打乱场景文字顺序之后模型准确率下降得更多了，从下降3.84个百分点变为了下降4.70个百分点，这证明，ViT视觉特征并不能帮助场景文字通过视觉信息，找到语义关系近似的场景文字，这也是可以理解的，因为ViT视觉特征只是通过注意力机制帮助每个场景文字获取视觉特征。

从表6-7中第3行和第4行可以看出，在使用Faster R-CNN视觉特征后性能得到提升，从56.14%上升到了61.55%，而且在打乱场景文字顺序后，模型的性能下降远低于单纯使用文本以及使用ViT和文本的效果，仅下降了2.83个百分点，这证明Faster R-CNN视觉特征可以帮助场景文字通过视觉信息，找出语义关系近似的场景文字，这是因为Faster R-CNN视觉特征相比于ViT视觉特征更注重局部特征，而且和场景文字特征是一一对应的，不需要通过注意力机制让模型自己去学习匹配场景文字的视觉信息和语义信息。

表6-7　场景文字的视觉信息对语义关联性的消融实验

行数	模　型	顺　序	准确率/%
1	Basleine（T）	原文	56.14
2	Basleine（T）	随机文本	52.30（下降3.84个百分点）
3	Baseline（Faster R-CNN）	原文	13.20
4	Baseline（Faster R-CNN）	随机文本	13.21
5	Baseline（Vit+T）	原文	56.98
6	Baseline（Vit+T）	随机文本	52.28（下降4.70个百分点）
7	Baseline（Faster R-CNN+T）	原文	61.55
8	Baseline（Faster R-CNN+T）	随机文本	58.72（下降2.83个百分点）

上述结果还证明了：

（1）场景文字的视觉信息有利于帮助模型判断场景文字是否存在语义关联。

（2）场景文字需要先验的视觉信息，如果能够获得场景文字多个粒度的视觉信息，模型的性能可能得到进一步提升。

3. 针对不同粒度场景文字视觉信息的消融实验

在本小节，针对不同粒度的场景文字视觉特征进行了大量消融实验来探索不同粒度的视觉信息对于模型性能的影响。为了更加方便和直观地对比不同视觉信息的效果，默认将不同粒度的视觉信息相加。

首先，如表 6-8 第 1 行和第 2 行所示，当仅使用场景文字原始区域的视觉信息时，模型在 TextVQA 数据集的验证集合上的准确率为 61.55%；当同时使用场景文字区域视觉特征和分割后的视觉特征后，模型的准确率从 61.55% 提升到了 61.75%。这证明了不同粒度的视觉信息对模型的推理是有帮助的。

如表 6-8 第 3 行所示，当使用场景文字的区域视觉信息和其所属载体的视觉信息后，模型的准确率从 61.55% 提升到了 61.93%。这证明了找到场景文字的载体，可以从视觉角度帮助模型推理不同场景文字的语义相关性，并且场景文字的载体视觉信息是优于场景文字的分割视觉信息的，这是由于场景文字的分割视觉信息其实和场景文字本身的区域视觉信息存在大部分的重合，只是遮掩掉了背景信息，而场景文字的载体视觉信息可以从视觉角度更好地帮助同属同一载体的场景文字建立起关联，使得不同载体的场景文字区分。

如表 6-8 第 4 行所示，当同时使用场景文字的区域视觉信息、场景文字所属载体的视觉信息以及场景文字的分割后视觉信息后，模型的性能得到了进一步的提升，模型的准确率从 61.55% 提升到了 62.16%。然而，简单地将不同粒度的视觉信息相加而不区分不同粒度视觉信息的重要性使得模型的性能提升受到了一定限制。

表 6-8　分层视觉特征融合模块消融实验

行数	特　征	准确率/%
1	场景文字区域 Faster R-CNN	61.55
2	场景文字区域和分割 Faster R-CNN	61.75
3	场景文字区域和文本载体 Faster R-CNN	61.93
4	场景文字区域、文本载体及分割 Faster R-CNN 特征	62.16
5	分层视觉特征融合模块	63.10

本章提出的分层视觉特征融合模块，设计了一种新颖的多粒度融合机制，考虑到了不同粒度视觉信息的权重及差异，如表 6-8 第 5 行所示，将模型的准确率从 61.55% 提升到了 63.10%。

以上实验结果证明了多种粒度的视觉信息是相辅相成的，同时证明了不同粒度的视觉信息应该考虑其权重及差异，才能更好地帮助模型从多个粒度的视觉角度来区分和判断不同场景文字之间的语义关联性，进而帮助模型更好地融合不同模态的输入信息，提升模型多模态理解能力以及答案推理能力。

小 结

本章提出了一种基于图像分割和匹配的场景文字视觉问答方法来帮助模型理解场景文字视觉问答任务中的场景文字上下文。首先，本章提出了场景文字载体分割和匹配模块来查找每个场景文字的载体。它的设计出发点基于以下事实：同一载体上的场景文字往往具有语义关联，而不同载体上的场景文字往往没有语义关联。其次，本章提出了一个分层视觉特征融合模块，通过利用场景文字的多级视觉特征来全面理解场景文字之间的上下文。最后，探讨了场景文字中视觉信息的作用，并证明场景文字中的视觉信息可以帮助模型理解不同文本的上下文。遵循这些策略，STM 模型可以从各个角度判断场景文字之间的上下文关系，并且在 TextVQA 数据集和 ST-VQA 数据集上的准确率比之前的最优方法高出 3.65 个百分点和 3.31 个百分点。

第7章 面向场景文本的视觉问答技术展望

7.1 场景文本视觉问答技术总结

数据资源的主要形式已经发展成为图像、文本、视频、语音等多源异构的多模态数据形式。人工智能技术经过十几年的发展，已经从面对单一模态数据的感知智能上取得了巨大的成功，而如何处理多种异构模态的数据及其相关任务将引领人工智能技术从感知智能逐步走向认知智能。此外，多种模态数据所构成的任务在日常生活中随处可见，例如，当人们观察自然场景并尝试回答与之相关的问题时，这便构成了一般的视觉问答任务。

在自然场景中，人类更关注的是其中的场景文字信息，不管是目障人士关于身边场景文字的提问，如“现在时钟显示几点钟?”，还是自动驾驶系统需要关注的“但当前指示牌显示了什么?”。这些需要模型去具备阅读场景文字、理解场景文字以及回答与场景文字相关问题能力，也是本书中心：面向场景文字的视觉问答技术。然而，当前的方法存在以下几个问题：①无法理解场景文字的语义含义以及语义差异；②默认将所有场景文字拼接成一个句子来处理，无法分辨场景文字间是否存在语义关联性以及无法构建场景文字间复杂的空间位置关系；③无法准确地将具有强关联性的场景文字聚类。本书研究内容围绕上述三个问题展开，并针对以上问题提出了一系列增强模型理解能力及推理能力的研究方案。

本书的主要研究工作及创新点总结如下：

（1）针对当前工作无法理解场景文字的语义含义以及语义差异的问题，提出了以场景文本语义为中心的场景文字视觉问答方法，旨在从模型网络结构和答案推理的过程中提升模型对于场景文字的语义理解能力以及场景文字语义差异的辨别能力。现有工作并没有对文本语义给予足够的重视，忽略了该任务应该以场景文本为中心。因此，本书提出了以场景文本语义为中心的模型结构以及实例级别的对比学习语义预测模块。以场景文本语义为中心的模型结构使得模型的答案预测过程更加注重问题、场景文字以及答案的语义交互。实例级别的对比学习语义预测模块在答案预测过程中预测答案的文本语义特征作为证据来判断生成的答案在语义的角度是否合理，从而指导答案的生成，帮助模型增强语义理解能力以及辨别能力。

（2）针对当前工作默认将所有场景文字拼接成一个句子来处理，无法分辨场景文字间是否存在语义关联性以及无法构建场景文字间复杂的空间位置关系的问题，提出了基于文本语义上下文学习及空间表示的场景文字视觉问答方法，旨在使得模型具备从场景文字的视觉特征及空间特征的角度判断不同场景文字之间语义关联性的能力，同时提高模型构建场景文字之间复杂空间位置表示能力。现有工作直接将所有场景文字强迫拼接成句子，使得模型强行建模场景文字之间本不存在的语义上下文关联，同时使用一维位置编码表示二维的复杂场景文字空间位置关系。因此，本书提出了个文本语义分离模块和空间圆位置模块。文本语义分离模块可以帮助从场景文字视觉及位置的信息推理判断各个场景文字之间是否具有语义上下文关系。空间圆位置模块通过计算每个场景文字之间的相对距离帮助模型更好地构建和推理场景文字之间的复杂空间位置关系。

（3）针对当前工作无法准确地将具有强关联性的场景文字聚类从而给模型提供有益的先验知识的问题，提出了基于图像分割和匹配的场景文字视觉问答方法，旨在使得模型从视觉角度找到场景文字的载体以此完成聚类的目的，并帮助模型从多个粒度的视觉角度判断场景文字语义的关联性，从而提升模型对于场景文字之间的理解能力。现有工作使用 DBSCAN 模型来聚类，此方法只考虑到了 OCR 文本框的坐标位置信息，这会导致距离较近的无语义相关性的 OCR 文本聚为一类，因此产生的具有大量噪声的先验知识会影响后续模型的推理过程。因此，本书提出了场景文字载体分割和匹配模块以及分层视觉特征融合模块。场景文字载体分割和匹配模块根据同属同一载体的文本天然地具有语义相关性，将自然场景中的所有场景文字找到其所属载体，提供给模型良好的先验知识。分层视觉特征融合模块通过利用场景文字的区域视觉特征、场景文字的分段视觉特征以及场景文字载体的视觉特征，能够全面理解场景图像中场景文字之间的上下文。

7.2　未来工作展望

本书围绕着场景文字视觉问答任务存在的问题和挑战，从多个角度深入探索分析与研究，并且对于多个问题给出了初步的解决方案。但是，由于场景文字视觉问答任务的复杂性，其仍存在许多问题需要去研究解决。一些值得进一步深入研究和探索的方向如下：

（1）多模态数据增强方法。目前的数据增强相关的研究仅仅是在问题及答案上进行，但是对于多模态形式的任务，如何将文本、图像、答案进行同时进行数据增强是一个值得深入探索的问题。在这个大规模预训练模型火热发展的时代，模型的预训练数据的需求是极大的，如何去修改问题以及问题所涉及的场景中的场景文字的图像区域是非常有发展前景的。例如，可以通过场景文字编辑等方法修改场景文字区域，然而面对细小的场景文字，这种方法生成的图像区域不够精细，往往不能直接使用。

（2）时间相关的问题。目前场景图像中与时间有关的区域极难通过光学字符检测识别出来，无论是时钟还是电子钟表识别结果都是极差的，但是与时间相关的问题在日常生活中又很常见，那么如何针对性地解决与时钟有关的问题呢？是从识别的角度去解决，还是通过基于 Transformer 的视觉检测器不识别时钟而直接给出答案？这些问题都是未来值得深入探索的。

（3）多模态预训练大规模模型的适配。由于现在大规模预训练模型的火热发展，如何将大规模预训练模型更好地用来处理场景文字视觉问答任务是一个值得探索的问题。当前大模型在场景文字视觉问答任务的评价指标的计算方式是，只要正确答案出现在了回答的文本里就认为其回答正确，但是这样的方式明显是不合理的；并且，现在多模态大规模预训练模型大部分都是使用 ViT 然后直接拼接到一个大规模预训练语言模型上，这显然不是最优的方法。如何设计一个更合理的评价指标及多模态大模型的视觉编码器部分是非常有价值的研究方向。

小　结

全书聚焦场景文字视觉问答技术，旨在解决当前方法在处理自然场景中的文本信息时遇到的三大问题：语义理解不足、无法有效构建文字间的语义和空间关系，以及难以准确聚类关联性较强的场景文字。针对这些问题，本书提出了以下创新点：①语义为中心的方法；②上下文与空间表示；③图像分割与匹配。对本书中未来的研究方向，本书指出应进一步探索多模态数据增强、时间相关问题的解决方案，以及如何适配多模态预训练的大规模模型到场景文字视觉问答任务中，包括设计合理的评价指标和优化视觉编码器的设计。这些研究方向将有助于提升模型在实际应用中的性能和准确性。

参考文献

[1] SINGH A, NATARAJAN V, SHAH M, et al. Towards VQA models that can read [C]// IEEE Conference on Computer Vision and Pattern Recognition, 2019: 8317-8326.

[2] ALMAZÁN J, GORDO A, FORNÉS A, et al. Word spotting and recognition with embedded attributes [J]. IEEE Transactions on Pattern Analysis and Machine Intelligence, 2014, 36(12): 2552-2566.

[3] KIRILLOV A, MINTUN E, RAVI N, et al. Segment anything [J]. IEEE International Conference on Computer Vision, 2023: 4015-4026.

[4] SUDHOLT S, FINK G A. Phocnet: A deep convolutional neural network for word spotting in handwritten documents [C]// 2016 15th International Conference on Frontiers in Handwriting Recognition (ICFHR). IEEE, 2016: 277-282.

[5] VASWANI A, SHAZEER N, PARMAR N, et al. Attention is all you need [C]// Advances in Neural Information Processing Systems, 2017.

[6] HU R, SINGH A, DARRELL T, et al. Iterative answer prediction with pointer-augmented multimodal transformers for TextVQA [C] // IEEE Conference on Computer Vision and Pattern Recognition, 2020: 9992-10002.

[7] ZENG G Y, ZHANG Y, ZHOU Y, et al. Beyond OCR+ VQA: Involving OCR into the fow for robust and accurate TextVQA [C]// 29th ACM International Conference on Multimedia, 2021: 376-385.

[8] JIN Z X, SHOU M Z, ZHOU F, et al. From token to word: OCR token evolution via contrastive learning and semantic matching for Text-VQA [C] // 30th ACM International Conference on Multimedia, 2022: 4564-4572.

[9] GAO D F, LI K, WANG R P, et al. Multi-modal graph neural network for joint reasoning on vision and scene text [C] // IEEE Conference on Computer Vision and Pattern Recognition, 2020: 12746-12756.

[10] GAO C Y, ZHU Q, WANG P, et al. Structured multimodal attentions for TextVQA [J]. IEEE Transactions on Pattern Analysis and Machine Intelligence, 2021, 44(12): 9603-9614.

[11] BITEN A F, LITMAN R, XIE Y, et al. Latr: Layout-aware transformer for scene-text VQA [C] // IEEE Conference on Computer Vision and Pattern Recognition, 2022: 16548-16558.

[12] KIL J, CHANGPINYO S, CHEN X, et al. Prestu: Pre-training for scene-text understanding [C] // IEEE International Conference on Computer Vision, 2023: 15270-15280.

[13] BITEN A F, TITO R, MAFA A, et al. Scene text visual question answering [C]// IEEE International Conference on Computer Vision, 2019: 4291-4301.

[14] ANTOL S, AGRAWAL A, LU J, et al. VQA: Visual question answering [C]// IEEE International Conference on Computer Vision, 2015: 2425-2433.

[15] SVOZIL D, KVASNICKA V, POSPICHAL J. Introduction to multi-layer feed-forward neural networks [J]. Chemometrics and Intelligent Laboratory Systems, 1997, 39(1): 43-62.

[16] LU X P, FAN Z, WANG Y S, et al. Localize, group, and select: Boosting Text-VQA by scene text modeling [C]// IEEE International Conference on Computer Vision, 2021: 2631-2639.

[17] RAFEL C, SHAZEER N, ROBERTS A, et al. Exploring the limits of transfer learning with a unifed text-to-text transformer [J]. Journal of Machine Learning Research, 2020, 21(140): 1-67.

[18] LECUN Y, BOTTOU L,BENGIO Y, et al. Gradient-based learning applied to document recognition [J]. IEEE, 1998, 86(11): 2278-2324.

[19] GUYON I, ELISSEEF A. An introduction to feature extraction [M]. Berlin, Heidelberg: Springer Berlin Heidelberg, 2006.

[20] LU D, WENG Q. A survey of image classifcation methods and techniques for improving classifcation performance [J]. International Journal of Remote Sensing, 2007, 28(5): 823-870.

[21] HE K, GKIOXARI G, DOLLÁR P, et al. Mask R-CNN [C]// IEEE International Conference on Computer Vision, 2017: 2961-2969.

[22] BHARATI P, PRAMANIK A. Deep learning techniques R-CNN to mask R-CNN: a survey [J]. Computational Intelligence in Pattern Recognition: Proceedings of CIPR 2019, 2020: 657-668.

[23] SHOTTON J, WINN J, ROTHER C, et al. Textonboost: Joint appearance, shape and context modeling for multi-class object recognition and segmentation [C]// Computer Vision-ECCV 2006: 9th European Conference on Computer Vision. Graz,IEEE, 2006.

[24] XU N, PRICE B, COHEN S, et al. Deep interactive object selection [C]// IEEE conference on computer vision and pattern recognition, 2016: 373-381.

[25] HU H, GU J, ZHANG Z, et al. Relation networks for object detection [C]// IEEE conference on computer vision and pattern recognition, 2018: 3588-3597.

[26] SZEGEDY C, TOSHEV A, ERHAN D. Deep neural networks for object detection [J]. Advances in neural information processing systems, 2013, 26.

[27] CUI Q, GAO B, BIAN J, et al. Knet: A general framework for learning word embedding using morphological knowledge [J]. ACM Transactions on Information Systems (TOIS), 2015, 34(1): 1-25.

[28] BULLINARIA J A, LEVY J P. Extracting semantic representations from word co-occurrence statistics: A computational study [J]. Behavior research methods, 2007, 39: 510-526.

[29] ZADEH R B, GOEL A. Dimension independent similarity computation [J]. Journal of Machine Learning Research, 2013, 14(6).

[30] NADEAU D, SEKINE S. A survey of named entity recognition and classifcation [J]. Lingvisticae Investigationes, 2007, 30(1): 3-26.

[31] OARD D W, DORR B J. A survey of multilingual text retrieval [J]. Digital Repository at the University of Maryland, 1998.

[32] HAN X, ZHANG Z, DING N, et al. Pre-trained models: Past, present and future [J]. AI Open, 2021, 2: 225-250.

[33] HOCHREITER S, SCHMIDHUBER J. Long short-term memory [J]. Neural Computation MIT-Press, 1997.

[34] GUO W, WANG J, WANG S. Deep multimodal representation learning: A survey [J]. IEEE Access, 2019, 7: 63373-63394.

[35] ATREY P K, HOSSAIN M A, EL SADDIK A, et al. Multimodal fusion for multimedia analysis: a survey [J]. Multimedia systems, 2010, 16: 345-379.

[36] KRESS G, SELANDER S. Multimodal design, learning and cultures of recognition [J]. The internet and higher education, 2012, 15(4): 265-268.

[37] HE K, ZHANG X, REN S, et al. Deep residual learning for image recognition [C]// IEEE Conference on Computer Vision and Pattern Recognition, 2016: 770-778.

[38] MCKEOWN K. Text generation [M]. Cambridge: Cambridge University Press, 1992.

[39] LOPEZ A. Statistical machine translation [J]. ACM Computing Surveys (CSUR), 2008, 40(3): 1-49.

[40] MITHE R, INDALKAR S, DIVEKAR N. Optical character recognition [J]. International Journal of Recent Technology and Engineering (IJRTE), 2013, 2(1): 72-75.

[41] KIM J H, JUN J, ZHANG B T. Bilinear attention networks [C]// Advances in Neural Information Processing Systems, 2018, 31.

[42] RUBY U, YENDAPALLI V. Binary cross entropy with deep learning technique for image classifcation [J]. Int. J. Adv. Trends Comput. Sci. Eng, 2020, 9(10).

[43] TSAI Y H H, BAI S, LIANG P P, et al. Multimodal transformer for unaligned multimodal language sequences [C]// Conference. Association for Computational Linguistics. Meeting. NIH Public Access, 2019, 2019: 6558.

[44] YU J, LI J, YU Z, et al. Multimodal transformer with multi-view visual representation for image captioning [J]. IEEE transactions on circuits and systems for video technology, 2019, 30(12):

4467-4480.

[45] LI G, ZHU L, LIU P, et al. Entangled transformer for image captioning [C]// IEEE International Conference on Computer Vision, 2019: 8928-8937.

[46] VINYALS O, FORTUNATO M, JAITLY N. Pointer networks [J]. Advances in Neural Information Processing Systems, 2015, 28.

[47] DONG X, ZHENG L, MA F, et al. Few-example object detection with model communication [J]. IEEE Transactions on Pattern Analysis and Machine Intelligence, 2018, 41(7): 1641-1654.

[48] CHEN G, CHOI W, YU X, et al. Learning efcient object detection models with knowledge distillation [J]. Advances in Neural Information Processing Systems, 2017, 30.

[49] ZAIDI S S A, ANSARI M S, ASLAM A, et al. A survey of modern deep learning based object detection models [J]. Digital Signal Processing, 2022, 126: 103514.

[50] SCHÖNBERGER J L, POLLEFEYS M, GEIGER A, et al. Semantic visual localization [C] // IEEE Conference on Computer Vision and Pattern Recognition, 2018: 6896-6906.

[51] KAMATH A, SINGH M, LECUN Y, et al. Mdetr-modulated detection for end-to-end multi-modal understanding [C]// IEEE International Conference on Computer Vision, 2021: 1780-1790.

[52] SCARSELLI F, GORI M, TSOI A C, et al. The graph neural network model [J]. IEEE Transactions on Neural Networks, 2008, 20(1): 61-80.

[53] ZHANG S, TONG H, XU J, et al. Graph convolutional networks: a comprehensive review [J]. Computational Social Networks, 2019, 6(1): 1-23.

[54] HU R, ROHRBACH A, DARRELL T, et al. Language-conditioned graph networks for relational reasoning [C]// IEEE International Conference on Computer Vision, 2019: 10294-10303.

[55] DONG L, YANG N, WANG W, et al. Unifed language model pre-training for natural language understanding and generation [J]. Advances in Neural Information Processing Systems, 2019, 32.

[56] ANDERSON P, HE X, BUEHLER C, et al. Bottom-up and top-down attention for image captioning and visual question answering [C]// IEEE Conference on Computer Vision and Pattern Recognition. 2018: 6077-6086.

[57] LI X, YIN X, LI C, et al. Oscar: Object-semantics aligned pre-training for vision-language tasks [C]// Computer Vision - ECCV 2020: 16th European Conference, Glasgow, Springer 2020.

[58] KRASIN I, DUERIG T, ALLDRIN N, et al. Openimages: A public dataset for large-scale multi-label and multi-class image classifcation [J].International Journal of Computer Vision, 2017, 2(3): 18.

[59] MISHRA A, ALAHARI K, JAWAHAR C. Image retrieval using textual cues [C]// IEEE International Conference on Computer Vision, 2013: 3040-3047.

[60] KRISHNA R, ZHU Y, GROTH O, et al. Visual genome: Connecting language and vision using crowdsourced dense image annotations [J]. International Journal of Computer Vision, 2017, 123: 32-73.

[61] HEGGHAMMER T. OCR with tesseract, amazon textract, and google document ai: a benchmarking experiment [J]. Journal of Computational Social Science, 2022, 5(1): 861-882.

[62] WANG X, LIU Y, SHEN C, et al. On the general value of evidence, and bilingual scene-text visual question answering [C]// IEEE Conference on Computer Vision and Pattern Recognition, 2020: 10126-10135.

[63] WU Z, XIONG Y, YU S X, et al. Unsupervised feature learning via non-parametric instance discrimination [C] // IEEE Conference on Computer Vision and Pattern Recognition, 2018: 3733-3742.

[64] MAOR E. The pythagorean theorem: a 4,000-year history: volume 65 [M]. Princeton: Princeton University Press, 2019.

[65] RAMACHANDRAN P, PARMAR N, VASWANI A, et al. Studying stand-alone self-attention in vision models [J]. Advances in Neural Information Processing Systems, 2019, 32.

[66] ALAYRAC J B, DONAHUE J, LUC P, et al. Flamingo: a visual language model for few-shot learning [J]. Advances in Neural Information Processing Systems, 2022, 35: 23716-23736.

[67] LIU H, LI C, LI Y, et al. Improved baselines with visual instruction tuning [C]// IEEE Conference on Computer Vision and Pattern Recognition, 2024: 26296-26306.

[68] YE M, DANELLJAN M, YU F, et al. Gaussian grouping: Segment and edit anything in 3d scenes [J]. European Conference on Computer Vision. Springer, Cham, 2025: 162-179.